文学の小路

牧野慶

2

Bungaku no Komichi

角川書店

文学の小路2

はじめに

「人間とは何ぞや。人はどう生きたらいいのか。」これがこの世に生かされる人間としての根本的な問いかけではないだろうか。迷いと困難と挫折を抱えながら生きる人間。それでも人は生きていく。人類が地球上に誕生してから三十万年が経つと言われているが、今日まで絶滅することなく生き続けている。それはそんな中にも希望と夢というものがあるからではないだろうか。

中国の孟子が性善説を、荀子が性悪説を唱えた。人間は本来善であるという説と、いや悪であるという説である。私もこの両説には振り回されてきたが、ここまで生きて来て、今は性善説をこよなく信じる人間である。人間の奥には善があると。そう思っていると、素敵なものがたくさん見えてくるのだ。人にも物事にも善意で向き合っていくと善意が返って来る。私はそう確信している。

もちろん難しい世の中である。しかしこの世には美しいものがたくさん隠れているのではないか。美しいものの代表は無言に咲いている花であろう。例えば桜の花。満開の桜の美しさ。よく見ると、この世の中にこんなに美しいものがあるのだと心打たれる。それから人の優しさ。心優しい人はたくさんいらっしゃる。そういう素敵なことが、この世の中には実在するのだ。

ここでは明治時代以後の、近、現代文学と呼ばれている作品を選んだ。文学は人間を思索させるものである。人間とは何ぞやと。そして一途に、私という人間の読み方を紹介させていただいた。文学はこう読まなければならないというのはない。それぞれの読み方で楽しめばいいのである。人それぞれの生き方があるように。

機械文明が広くいきわたっている現代。情報と理論を大事にする社会である。心というものが忘れ去られてしまうのではないかと心配する。文学を読んで、心を大事にしたいと思うのである。この「文学の小路２」は先に出した「文学の小路」の続編である。読んで楽しんでいただければこの上ない幸せである。

目次

はじめに 2
1 新しい最初の女性 一葉 「大つごもり」樋口一葉 7
2 女性の悲劇 「女の一生」モーパッサン 13
3 理想か現実か 「牛肉と馬鈴薯」国木田独歩 19
4 愛し合う二人の行方 「不如帰」徳富蘆花 25
5 青春の苦悩を乗り越えて 「車輪の下」ヘルマン・ヘッセ 31
6 ストレイシープ（迷える子羊） 「三四郎」夏目漱石 37
7 日本自然主義文学の嚆矢 「田舎教師」田山花袋 43
8 人間の汚れもまたいい 「生れ出づる悩み」有島武郎 49
9 悪に負けない人間の善意 「恩讐の彼方に」菊池 寛 55
10 友情と恋愛のはざま 「友情」武者小路実篤 60
11 灰燼から生まれた新感覚派 「日輪」横光利一 66
12 宿命的放浪者 「放浪記」林 芙美子 72

13 労働者たちの悲劇 「蟹工船」小林多喜二 78
14 夢の中を走る銀河鉄道 「銀河鉄道の夜」宮沢賢治 84
15 歴史小説の浪漫 「天平の甍」井上 靖 90
16 罪の意識の模索 「海と毒薬」遠藤周作 96
17 胸に迫る一人一人の生きざま 「楡家の人びと」北 杜夫 102
18 小町を演じた麗子の愛憎 「小町変相」円地文子 107
19 波瀾万丈の青春 「青春の門」五木寛之 113
20 非日常を生きる若者たち 「限りなく透明に近いブルー」村上 龍 119
21 善意の成せる仕事 「舟を編む」三浦しをん 125
22 本物の漫才師 「火花」又吉直樹 130
23 家族とは何か 「荒地の家族」佐藤厚志 136
24 生きることの重さ 「ハンチバック」市川沙央 142
25 結合双生児の安らぐ日 「サンショウウオの四十九日」朝比奈 秋 148
あとがき 154

装丁　吉原遠藤

1　新しい最初の女性　一葉

「大つごもり」樋口一葉

樋口一葉は一八七二年（明治五）、東京府の内幸町に生まれた。二歳で麻布へ、四歳で本郷へ、九歳で下谷《したや》区へ転居している。十五歳の時日記「身のふる衣まきのいち」をつけ始めた。そして十七歳の時父則義が他界し、長姉ふじ、次兄虎之助がいながら、事情があって一葉が戸主となり、生活も経済も彼女の背に負うことになったのである。一八八八年、友人の田辺花圃《かほ》が十九歳で「藪の鶯」を書き三十三円を得て評判になったのに刺激されて、読書家だった一葉も家計のため小説家として立っていこうと決意する。一八九一年、妹くにの友人の紹介で「朝日新聞」の小説記者、半井桃水《なからいとうすい》に小説の指導を受けるようになる。彼の同人雑誌「武蔵野」に二十歳の時の処女作「闇桜」を発表した。しかし桃水との関係で噂が立ち、恋が芽生えていた桃水との付き合いを一時絶つことになる。二十二歳で「花ごもり」、「やみ夜」、「大つごもり」を、二十三歳で「たけくらべ」を発表した。さらに同年「にごりえ」「十三夜」を、そして最晩年二十四歳で「この子」、「わかれ道」、「裏紫」等を発表してその年の十一月、肺結核で没した。苦労の末の死と言えるだろう。一葉が小説として残したのは、没するまでの四年間に書いた二十二作品である。しかし作家では食べて行けず、玩具や菓子を売る子供相手の店を持ったりしたが、これもうまくいかずたたんでいる。経済的な苦労は絶えず、母の仕立て物、妹の奉公などで助けられて暮らした。しかし人の前では物も言えなかった一葉が、最後には当時文壇で名をはせていた上田敏、島崎藤村、平田禿木《とくぼく》などと文学論を戦わせるまでに、人間として成長している。

「大つごもり」は一八九四年（明治二七）二十二歳での作である。主人公お峰十八歳。両親を早く亡くし、ただ一人の身内である伯父の安兵衛の家に引き取られて暮らしていた。その伯父が病を得、金の足しにとお峰は女中奉公に出る。伯父は八百屋をしていたが、その人の好さで客にも慕われ、三之助という八歳の息子がおり、貧しいながら幸せに暮らしていたのである。しかしその息子にも蜆《しじみ》を売り歩かせねばならなかった。伯父一家は止む無く長屋へ引っ越しをし、その費用を借金したという。この暮れに、どうにもその一部である二円を返さねば立ち行かないと聞き、お峰は御新造さんにお願いしますからと伯父に答える。

お峰の女中奉公先の山村家には六人の子供がある。その惣領息子は石之助。母が違い、父親の愛も薄く、十五の春より不料簡を始めた。乱暴一途で品川の遊郭へも通い、ゴロツキ仲間と付き合っている。百軒の長屋を持っている山村家の実に悩みの種なのである。しかし石之助は無茶もするが、土地の貧乏人を喜ばせて金品を分けるということもしている若者なのである。昼も近づき、三之助が金を受け取りに来る時間も近くなった。御新造に借金のお願いをしたが、いまだに何の返事もない。大晦日の今日、言いにくいところをお願いしますと言うと、御新造はあきれ顔をして、何のことなのと知らぬ振り。その時嫁に行った娘の出産で来てくれと迎えの車が来た。御新造は慌てて出かける。それと行き違いに三之助が勝手口より覗く。慌てたお峰は、かねて見ていた引き出しの硯箱《すずりばこ》にある二十円の金の束から二円をとっさに抜き出して、三之助に渡して帰した。

その日の夕、御新造が帰宅し、仕方なく山村家は石之助に五十円の金を渡して、さあ帰れと帰した。お峰は自分の犯した罪を思い、何と言い訳しようと心が乱れるのである。御新造は夜になって大晦日の大事な仕事、大勘定してこの日家にある金をまとめて、封印することを思い出し、硯箱に二十円あったのを確かめようとする。御新造に言われて死ぬ思いで箱を渡したお峰。ところがその箱の中には何と、石之助の手紙が入っていた。「引出しの分も拝借致し候」と一筆。三之助に、硯箱からの二円をお峰が渡し、それを「見し人なしと思へるは愚かや」と書かれて終わる物語である。

読み進むにつれて、登場人物たちは、御新造以外はみな、善人に描かれていることに思い至る。お人好しの、八百屋の安兵衛伯父、そして伯母、主人公のお峰も、世話になった伯父に一心に孝行しようとしている。放蕩息子を装いながらも実は貧しい者たちに優しくしている、山村家の惣領息子石之助である。幼いながら蜆を売り歩いて家計を助けている三之助。その善意の登場人物たちが、この作品を読む者の心に深く届く物語にしているところだ。お峰が二円を拝借したのを知ってか知らずにか、全額いただいたと書いた石之助の手紙。「見し人なしと思へるは愚かや」とあるが、それは読者の読みに任せているのである。もし石之助でなかったら、この世にある神というものがそうしたのではないかと思わせるほどの説得力を持っている。世の中には悲しいことも起こりうるが、それと反対に救われるようなこともあるという、一葉の人間存在の核心に触れる認識であろう。さらに最後の「さらば石之助はお峰が守り本尊なるべし、後の事しりたや」からは、この後二人の関係がほほえましいものに発展していくのではないかとも思わせるものがあって夢が広がる。

一葉は戸主としての苦労を一身に負い、世間の裏表を見ながら、若くして人の世の善意というものを見つけたのではないだろうか。他の一葉の作品も、幼さが見え隠れしながら、そして二十四歳の若さで没しながら、人間の奥深さをしっかりと認識しているところに、作家としての優れた一葉がいると思うのである。作家としての一葉を、「古い最後の女」「新しい最初の女」と見る二つの見方がある。つまり一葉の作品を、物語的に古典と読むか、人間を思索させる近代作品と読むかということであるが、私は最後に書いた数作品は、人間を考えさせるに十分な近代の作品として読めると思う。明治二九年に没した一葉であったが。そしてこの「大つごもり」も確かに近代の作品として読んだ。古典的物語性もあるが、人間存在の真実を語っていると読めるからである。また一葉の作品は、女の悲しさを書いたものが多い。時代もあるが、一葉自身、身にしみて感じたことであろう。全作品、女の揺らぎがあり、一途さがあり、そして女としての模索があって、琴線に触れてくるものがあるのである。

そして最後に多くの人が評しているところであるが、文章がうまい。非常に美しい文章である。擬古文という、古文をなぞった文章であるが、その美しさが感動させる作品にしているのである。

2　女性の悲劇

「女の一生」モーパッサン

モーパッサンは一八五〇年、フランス共和国の生まれ。一八六二年両親の不和で別居し、後母と暮らした。一八七〇年（明治三）パリ大学法学部に入学。普仏戦争で召集される。後母の知り合いであるフローベルの指導を受けるようになる。一八七六年（明治九）、処女作「剝製の手」が雑誌に掲載される。女性との付き合いはあったが、一生結婚しなかった。一八八八年（明治二一）三八歳の時不眠症を患い、麻酔薬を乱用したりした。一八九二年（明治二五）精神の病により自殺未遂を起こし、パリの病院に収容され、一八九三年（明治二六）四十二歳で病没。作風は自然主義であり、日本にも大きく影響を与えた。また文豪としての名声も得、長編、短編多数を残している。

「女の一生」は一八八三年（明治一六）三十三歳の時執筆刊行。二万五千部売

れたという。まさに一女性の一生を描いたものである。人間というものの不幸を、残酷なまでに描いている。女だからの不幸か、それとも人間としての不幸か。やはり女としての不幸であろう。男には男の不幸ということもあるであろうが。主人公ジャンヌは、男爵家の娘である。素敵な青年と出会ったジャンヌ。その青年子爵に愛されて結婚した。ジュリアンという男性である。ジャンヌは結婚というものが、男と女の肉体的交わりであるということも知らなかった。ところが不幸にもその夫となったジュリアンに裏切られるのである。数々の裏切り。妻を妻とも思わぬジュリアンは何と女中ロザリーとも交わり、子どもができた。ロザリーは子供を連れて出ていった。そして夫は全く変わってしまった。他にも愛人を持ち、その後ジャンヌを散々苦しめたあげく若くして死んでしまう。そしてジャンヌはジュリアンの子供を孕んでいたのである。ジャンヌは苦しくも不幸な中で、子供を必死に育て続けた。母は病死、父男爵も年老いて死んでしまった。一人になったジャンヌは、唯一の希望である息子を大事すぎるほど大事に育てた。しかしその息子は青年になると、家を出ていった。過保護に育てられた息子は、悪い女と同棲し、二人で使った大金を次から次にジャンヌに払わせるのである。ジャンヌは苦しみ自分もダメになりながら、それでも息子を愛し続けた。そんな中でその女は死んでしまう。苦悩と闘うジャンヌに、息子から家に帰りたいという手紙が来た。女中だった、そして夫の愛人であったロザリーが見かねてジャンヌを助けに帰って来たのである。息子が帰って来るのを待つジャンヌ。そして「人生ちゅうもんは、まず、人の思うほど良くも悪くもねえもんだのう」とロザリーに言わせて終わる物語である。それがこの作品のテーマであろう。

フランスでは一七八九年フランス革命が起こり、市民社会が生まれた。その百年後の「女の一生」の書かれた当時のフランスは、近代社会になったとはいえ、女性の見方も社会の在り方も、この作品に書かれているようなものであったと評者は言う。女性の社会的地位のなさ、金《かね》本位の価値観、貴族中心の社会、人の不平等な幸福感。当時のフランス社会では人々はこういう人生を生きていたと言えるのだろう。ジャンヌもしかり。そして人間の汚れを知らないで育ったジャンヌという女性。現代を生きる私として言うなら、ジャンヌの未熟さゆえの不幸であったと思う。それが当時の社会の風習であったというなら、彼女の未熟は社会への批判ともなる。ただ寂しさゆえとはいえ、崩れていく息子を、母としてひたすら愛し続けたことが、息子の立ち直りとジャンヌの救いを予感させてくれる作品となっている。ジャンヌの個人的問題であるのか、社会の問題であるのか簡単には言えないが、社会の未熟さゆえの不幸と評されている作品のようだ。その当時の社会ではどこにでもありうるだろうストーリーが読む者に迫ってくるのは、矢張り作者の力量にあるのではないか。そして人間を本当に愛するということを知らなかった未熟さゆえの不幸であるだろう。そしてこれも人間の一つの真実であると言えると思う。

人間の不幸を容赦なく描いたところに、フランスで起こった自然主義文学の筆法が出ている。それまであった浪漫主義でも、物語を大事にする古典主義でもない、あくまで人間の不幸も悪もありのまま描こうとした自然主義文学の代表作と言える。そして人間の不幸というものを、容赦なく書こうとしたものであろう。

ここで同じ「女の一生」というタイトルの、山本有三による小説があることに触れる。モーパッサンより時代的には大分後になる一九三二年（昭和七）から書かれたものであるが、山本有三はモーパッサンの「女の一生」をかなり意識して書いたという。その意味からここに山本有三の「女の一生」についても少し触れておきたい。女の一生は、どの国においてもどの時代においても書かれる意味があるのだと、挑戦的な意思表示をしている山本有三である。

山本有三は一八八七年（明治二〇）栃木県生まれである。東京帝国大学独文科を卒業している。その後、芥川龍之介らと交流して、作家になった。「女の一生」は、幼なじみの若者と愛し合っていた允子《まさこ》なる女性が、その恋人を親友の女性に取られてしまう物語である。その後高校教師の公荘《くじょう》という若者と恋愛関係になり、妊娠した。しかし彼には妻がいたのである。その妻は病弱で、いずれ死んでしまった。允子はショックを受けながらも、公荘の愛を信じて結婚する。二人の間に生まれた允男《まさお》は若者になり、社会運動にのめりこんでいき、家に帰って来なくなってしまった。母として愛情を注ぎ何とか家庭に帰ってほしいと力を尽くすが、どこでどうしているかもわからなくなってしまう。そして夫公荘は病を得て死んでしまう。允子は持っていた医師の資格を役立てて、産院を立て医師として生きていこうと決意するところで終わる物語である。

山本有三は、女が子供を産むということは、一つは体での出産の問題、もう一つはその後子供を育てることで苦難を克服し、人間として生きていく力を生み出すという二つがあると言っている。女は一人の子につき二度出産するのだと。それが「女の一生」なのだと。私は男であろうと女であろうと同じ人間だという思いがあったが、この作品を読むことにより、子供を産むということの大きな役割を課せられた女性には、矢張り男性とは別の生き方があることに、改めて思い至らせられた。生む体を持った、男とは違う女の宿命。その悲喜こもごもとまた素晴らしさ。女ゆえの悲劇も幸福も一身に引き受けなければならぬ生きざまの大きな意義を改めて知らされたモーパッサンと山本有三の「女の一生」であった。

3　理想か現実か

「牛肉と馬鈴薯《じゃがいも》」国木田独歩

国木田独歩は一八七一年（明治四）の生まれであるが、その生涯をたどる時、二つのことが見逃せないといわれている。一つは出生にかかわる問題、他は佐々城信子という女性との関係である。出生については父親と考えられるのは国木田専八と、もう一人淡路雅治郎という人物である。専八が銚子沖で乗っていた船が遭難したが、助けられて銚子の吉野屋旅館に止宿し、その旅館で働いていた淡路まんという女性との間に生まれたのが、独歩であるという説。そうではなく、独歩は淡路まんとその夫の雅治郎との間の子であるとの説。そして今においても、結論は出ていないというとらえ方もある。また独歩の人生においてその感情と思想により大きな力で働きかけたのは、佐々城信子とのかかわりであるという。父専八の転任とともに、各地を渡り歩き、はじめは政治家を目指していた独歩であるが、次第に文学のほうへ傾倒して行った。一八九五年（明治二八）二十四歳の六月から翌年四月の短い間に、佐々城信子との、邂逅―恋愛―結婚―離婚があった。そして二年後には榎本治《はる》と再婚している。佐々城信子と別れてから文学活動を本格的にするようになったのである。それだけの出会いがあったのだろう。その後作品を多く書き、一九〇八年（明治四一）茅ヶ崎の病院で没した。三十七歳だった。

「牛肉と馬鈴薯」は一九〇一年（明治三四）三十歳の時、「小天地」という雑誌に発表された。明治倶楽部という、芝区桜田本郷町にある倶楽部に集まって来る人物たちの話という設定である。語り手は「僕」である。ある日五、六人が集まっていた。その時話題にされていたのは、理想と現実は一致しないということであった。そして或る者は一致しないならば、理想に従うより現実に服するのが私の主張だという。理想では人間はうまいものを食べられないと。理想に従えば現実に疎く、牛肉は食べられず、馬鈴薯ばかり食っていなければならない。現実的に生きて、うまい肉を食うのがいいねと。

しかし馬鈴薯ばかりでもね、と僕。僕は馬鈴薯には散々ひどい目にあった。

若いころ熱心なアーメンの信者で、大いなる理想家の馬鈴薯党だったのだ。そして僕は学校を卒業するや、馬鈴薯作りに良いという北海道に渡ったのだ。冥利に汲汲としている東京人にバカ野郎と言って、唾を吐いた。友と二人で、開墾事業に取り掛かった。しかしその友は利口だった。二月ばかり辛抱して、こんなバカげたこと止そうと言い出した。自然と格闘するより、世間と格闘しようと。馬鈴薯より牛肉のほうが滋養が多いというのだ。理想は空想だといって去ってしまった。そして僕は、自分自身にもそれがわかって来たんだ。つくづく考えた。そして彼の言ったとおりだと思ってやめてしまった。あれで冬を越していたら、僕は死んでいただろう。馬鈴薯はこりごりだ。要するに理想は空想だ。主義という理想で食うのではなく、今は実際主義で、金がとれてうまいものが食えて、こうやって諸君とストーブに当たって酒を飲んで、腹がすいたら牛肉を食う。これがいいのだと言った。

するとと他の一人が、僕は違うと。諸君は詩人の堕落したものだ。一度は主義という理屈で理想家になり馬鈴薯を食ったのだろう。僕は違う、主義ではなく好きだから食うのだ。実に世の中の主義という奴ほどつまらないものはない。

僕は主義には従わない。僕は自分自身の感情に従う。僕はある少女に懸想したことがある。その少女は、私はなぜこんな世の中に生きているのかわからない、と言った。大哲学者の厭世論のように真実に聞こえた。そして彼女に恋をした。恋の悲しさと楽しさを知った。しかし彼女は死んでしまったのだ。ところで女性というものは、生命に倦むということは少ないのではないか、と彼は続ける。しかし男子は往々にして生命そのものに倦むことがある。主義である理想を追い続け切れずに。そして恋という感情つまり現実に助けられるのだと。私も恋に助けられた。恋すなわち男子の生命である。しかし、とさらに彼は言う。実は私にはそれにもまして大いなる願いがあるのだ。それはまさに、びっくりしたいということだ。不思議なる宇宙に驚きたいという強い願望だ。死の秘密を知りたいというのではない、死という偉大なる事実に大いに驚きたいという願いだ。そして私は何とかして、生きるという古びた習慣で生きるのではなく、ひたすらこの世に驚異の念をもって生きていきたいと思う。人生は驚異だ。私は人間を二種に区別したい。驚く人間と平気な人間に。そして私は驚く人間になって生きたい。ここで終わる話である。生きることは驚くことであるということだ。

現実が大事か、理想が大事かという人間究極の問題を語る話であろう。牛肉が寧《むし》ろ現実的であり、馬鈴薯が理想を語る話だ。もちろん両方が人間の世界であるだろう。理想に生きようとする生き方と、あくまでも現実のやり取りの中で生きようとする生き方。私は現実の生き方に、スパイスを与えてくれるのが理想だと思うのであるが。そしてここでは驚異ということに結論付けている。驚きの中で生きていきたいと。ところで私は、それよりももっと本質的な、人間の理想と現実というもののもっと根本にある、人間の持って生まれた素朴さということを重視したい。あるがままということ。人間の生かされている素朴さこそ驚きであり、そしてその中に真実があり、偉大ではないだろうか。理想、現実よりもっと人間の根本にあるものである。思索で得られる理想というものより、もっと人間の本質的なものであると言えるのではないか。人間が素朴でありのままに生きるというのは、ニーチェの実存主義にも通じる。人間の現実を大事にしてあるがままに生きるというとらえ方である。

それにつけても、私は独歩という人は、複雑な出生の問題があるためか、非常なる思索の人であったようにその作品を読んで思うのである。「武蔵野」での深く自然に思いを寄せる描き方、「少年の悲哀」の悲しいまでの美しさ、「源おじ」の心にしみる悲しさ。しかし思索で人間の真実を模索するのもある意味ではいいと思うが、そのもとにある素朴さも忘れてはいけない、人間の本質であると思うのである。

4　愛し合う二人の行方

「不如帰」徳冨蘆花

徳冨蘆花は、一八六八年（明治元）熊本県水俣に生まれた。父一敬、母久子の次男として。本名健次郎。六人兄弟。兄に評論家の徳冨蘇峰がいる。一八七四年（明治七）六歳で小学校に入る。成績優秀だったが、身体虚弱。神経質でもあった。十一歳の頃、八犬伝、伊呂波文庫等に親しむ。十三歳、文章に凝り、小説を書き始める。十八歳、キリスト教受洗。十九歳、一家で上京。一八八七年（明治二〇）二十歳、兄の徳冨蘇峰が民友社を設立し、雑誌「国民之友」を創刊。蘆花も「国民之友」出版に携わる。一八九一年（明治二四）二十四歳、キリスト教から離れる。その後トルストイに親しむ。一八九四年（明治二七）二十七歳で結婚。一八九八年（明治三一）三十一歳、国民新聞に「不如帰」を連載。物語作家としての文名にわかに高まる。二年後、「不如帰」刊行。ついで「思出の記」「自然と人生」等刊行。俸給生活から原稿生活に入る。一九〇三年（明治三六）三十六歳、早くも「本郷座」で「不如帰」上演。一九一三年（大正二）四十六歳、「みみずのたはこと」刊行。一九一九年（大正八）五十二歳、妻と世界一周の旅に出る。翌年帰国。その後、健康を損ない一九二七年（昭和二）六十歳で没す。

「不如帰」は主人公、川島武男と片岡浪子の物語である。浪子は八歳の時実母が亡くなり、継母に育てられる。この継母はプライドの高い人で、浪子は気を遣わせられる。武男二十三歳、浪子十八歳で結婚した。武男は物の分かった優しい若者であり、浪子を心から愛し、浪子も幸せだった。一方武男の母お慶は恰幅のいい五十三歳ばかりの女性。主人をなくしてから、思うように振る舞い、優しい武男を困らせた。

武男との幸せな日々が続いていたある日、浪子は風邪を引いた。従妹の千鶴子が見舞いに来てくれた。千鶴子の母は武男と浪子の縁を結んだ浪子の叔母である。しかし不幸にも浪子は結核になってしまい、逗子に保養に行くことになる。武男は甲斐甲斐しく逗子まで見舞いに通う。二人で散歩に出ると、浪子は

「癒えるでしょうか。でも、千年も万年も生きたいわ。」と語りかける。逗子に保養に来て一年が経った。武男の母お慶は、浪子の結核という病を恐れ、いずれ一人息子の武男にうつり命を落としたら、川島家のお家断絶ということになりかねないと考え始める。そして最早離縁させるしかないと思う。浪子が逗子にいる間に離縁させようと武男にも言い切るのである。武男は泣いて拒絶する。しかしことはどんどん運ばれていく。二人の縁を結んだ叔母も間に入るがどうしようもなくなる。武男が浪子を見舞って逗子から家に帰ると、何と浪子の嫁入り道具は全て里の片岡家に返されていた。

戦争が勃発した。武男は戦地に出かけた。そして戦場で撃たれて倒れ怪我をした武男。そんな中でも浪子を思う。武男の母お慶は自分でやり通したことであったが、息子の怒りを知り、自分のやりすぎに少し負い目を感じる。しかしどうしても後妻を勧めるのである。癒えて一時戦場から帰った武男は逗子の浪子に会いに行く。一通の手紙が浪子へ武男から。それには「浪子さんを思わない日は一日もない。」とあった。しかし浪子は散歩で海岸に出て、死のう、と思う。「今だ死ぬのは」と海に身を投げようとした時、後ろから引き止める人がいた。その浪子を助けた五十歳ぐらいの婦人は、孤児と暮らしている人だった。何日かしてその人が浪子を訪ねてきた。そして聖書を出して勧めた。苦労を重ねたというその人は「どうぞ間違いのないよう、元気でお過ごし下さい」と言って帰って行った。しかし浪子の病気は重くなり、武男の名を叫び続けてついに死んでしまう。武男は戦地から帰り、墓へ参る。哭《こく》する武男。浪子の父片岡氏が来た。涙の顔で武男の手を握り、「武男さん、わたしも辛かった」と。「浪は死んでも、わたしはやっぱり卿《あなた》の爺《おやじ》じゃ。」と言って終わる物語である。

これは蘆花が実話を聞いて書いたものと言われているが、それにしても悲しい物語である。心から愛し合う二人の姿が、心に迫ってくる。文明の発達した現代と違って、人間の心のつながりが、強く深かった時代でのこともあるだろう。しかし人間には、そして男と女には、こういう真実がある、と強く伝わってくる作品だ。もう一つ、この作品が大いに読む者を感動させるのは、登場人物たちの個性が手に取るように分かりやすく具体的に描き切れている点にあると思う。まだ人間の個性というものが、それほど思いやられていない明治時代にありながら、登場人物たちの一人一人の個性が、心に届くようにはっきりと具体的に描かれていて迫ってくるものがある。それは写実ということであり、写実は近代文学の一つの特徴である。その意味でも近代文学の嚆矢《こうし》となる作品であろう。

蘆花は日常の中で生き切った人と言われている。作家としての名声もさることながら、観念的、思索的というより、人の中で生きた人だ。従って登場人物たちの、日常のやり取りの描写が実にうまい。同じ時代に生きた、漱石の観念的、高等的と違って、日々の肉体的世界に生きた人なのだろう。作者のその生きざまが深いところで伝わってくる作品だ。ところで日常の生活もまた偉大な物語であると思うのであるが。

ここで大衆小説と純文学とを一般に区別する見方があることに触れる。私はそれぞれの特徴があり、またそれぞれ面白いと思う。私は純文学は、人間とは何ぞやということを思索させるもの、大衆小説は筋の面白さを読ませるものと、一応の分け方をしている。分ける必要もないが、しかし作品鑑賞の一助にはなる。そして私は、この作品はその両方の要素をしっかり持つ作品だと思うのである。登場人物たちのやりとりが興味深く書かれているが、一方それを通して、人間というものの本質も思索させる、そんな作品になっている。しかも両方に於いて人間をよく描いていて、心に迫って来る。それが明治時代の作品でありながら、今日まで読み継がれて来た結果につながっているのではないだろうか。また舞台でも大いに人気のあった作品である。人間の本質というものは、時代、場所を問わず変わらないものであるということを実感させる作品となっている。

5 青春の苦悩を乗り越えて

「車輪の下」ヘルマン・ヘッセ

ヘルマン・ヘッセは一八七七年（明治一〇）南ドイツで生まれた。四歳の時、一家はスイスのバーゼルに移る。父母は海外布教師の指導をする伝道師の仕事をしていた。七歳、新島襄がバーゼルのヘッセの両親を訪ねたという。九歳、南ドイツに一家で戻る。一八九一年（明治二四）十四歳、神学校に合格し、入学。翌年、神学校を逃げ出し、退学。神経衰弱となり、自殺未遂。その後高校に入学し、翌年再び退学。本屋の見習い店員となるが、ここも逃げ出し、牧師であった父の仕事を手伝うようになる。十八歳、再び書店の見習い店員となり、詩や散文を書くようになる。一九〇二年（明治三五）二十五歳、「詩集」を刊行。母死亡。二十七歳、マリーア・ベルヌリと結婚。一九〇六年（明治三九）二十九歳、「車輪の下」刊行。一九一四年（大正三）三十七歳、第一次世界大戦が始まり、翌年、平和主義を唱えたためドイツで売国奴のように非難され、ボイコットされた。三十九歳、父の死。妻の精神の病悪化と、自身もノイローゼにかかる。一九一九年（大正八）四十二歳、「デミアン」刊行。四十六歳で離婚。五十四歳でニノン女史と再婚。一九三九年（昭和一四）六十二歳、第二次世界大戦始まる。ヘッセは「好ましからぬ作家」といわれるようになるが、その後名誉を回復し、各種の賞を受賞する。一九四六年（昭和二一）六十九歳、ゲーテ賞とノーベル文学賞を受賞。その後も書き続け、一九六二年（昭和三七）八十五歳、自宅で永眠。

「車輪の下」は既述したごとく、一九〇六年（明治三九）、二十九歳での作である。自伝を交えての作品と言われている。起こって来る事件は創作も入っているが、主人公の精神面はほぼ自身の事ではないかと思われる。取次店で代理業をしているヨーゼフ・ギーベンラートの息子ハンス・ギーベンラートが主人公。頭がよくすぐれた子で、皆に期待されていた。本人も牧師か教師になる道を進み、難関の神学校に合格し入学した。そして大事にされ、大いに学ぶハンス。卒業して修道院の学校に入った。ここにおれば世俗的な弊害を受けずに済む《ママ》と思うハンス。九人の生徒たちと一緒に寝起きすることになった。少しずつ慣れていくハンス。同室のヘルマン・ハイルナーは詩人で変わり者。しかし生き生きと自分自身を生きているようにハンスには見えた。ハイルナーのそばにいて彼をじっと見ているハンス。ある時ハイルナーに突然キスされて驚く。そのハイルナーはハンスを必要としていたようだ。時々夜ハンスのところへやって来て、悩みを訴えた。ハンスは同情した。しかしハイルナーは、その後すっかりふさぎ込んでしまう。喧嘩をして校長に叱られたハイルナー。しかしハンスだけは彼を信じた。ハイルナーは、毎日一人で森の中をさまようようになった。「ここの連中は勉強するだけで何も知らない」とハイルナーは言う。空想家で詩人のハイルナーである。ハイルナーがさらにハンスに言う。「僕は勉強しないが、君たちよりバカじゃない」と。ハンスはハイルナーの相手をしてヘトヘトにさせられた。そのころ修道院では途方に暮れた青春の苦しみから、自殺する者が出るようになった。少年だったハンスは成長していく。友人ハイルナーは仲間たちに避けられた。一方ハンスは成績が下がったことを校長に言われ、どうしてかと聞かれる。別に変わりませんとハンスは答える。「君はハイルナーと交際してるね。お前にいいことはないよ、遠ざかりなさい」と校長。「それはできません」とハンス。「疲れないようにしなさい、それでないと車輪の下敷きになるからね」と。ハンスはある時、教授の質問に立たずにいて、叱責された。校長にも叱られた。一人で歩くという罰を受けた。この時ハイルナーは禁を破って、ハンスの散歩についていった。責められたハイルナーは失踪した。ハイルナーの父親が呼ばれて、ハイルナーは退校になった。ハンスは勉強をしなくなり、成績が下がった。校長はハンスの父親に手紙を出し、驚いたハンスの父は心を入れ替えてくれと書いた手紙をハンスに出す。ハンスは見捨てられた気持ちになった。そして死を思うようになった。

そんな時、三年前彼が熱中したエンマ・ゲッスラーが家に帰って来た。ハンスは喜びエンマのそばに近づきたいと思う。胸がどきどきして、色々なことを思い出した。あの時ハイルナーに突然キスされたことも。苦しくなったハンス。そしてエンマをじっと見つめた。エンマも見つめ返す。ハンスの不安と甘い苦悩。ハンスは目覚めていく男を感じた。ある時、今日のうちにもう一度エンマに会いたいと思ったハンス。そして人間の持つ大きな秘密に近づいているのを感じた。それが甘いものであるか、恐ろしいものであるかわからなかった。そして夢でエンマを抱いた。ところがハンスは実はエンマが本気でなかったことを知らされるのである。悲しかった。恋の秘密を知ったと思うハンス。そしてエンマと共に一切が去ってしまった。明日自分はどうなるだろうと思った。ハンスは暗い川の中を下手に流れていた。昼間になってから彼は発見された。そして家へ運ばれた。埋葬には大勢がやって来た。父ギーベンラート氏は、あれほど生まれつきがあって、万事うまくいっていたのに、急に不幸になった、と悲しむ。そして静寂と異様に苦しいもの思いから離れて、途方に暮れたように生活の中へ向かって歩いて行った父ギーベンラートであった。

青春の苦悩から抜け切れず、人間の宿命という「車輪の下」敷きになって自分を失くした少年の物語であろう。友人ハイルナーの悩みと彷徨はハンス自身のものでもある。二人の若者の青春がこの物語を語っている。そしてそれは作者ヘッセの青春そのものであったと思われる。ヘッセ自身も神経衰弱になり、自殺未遂もあった。すぐれた若者であっただけにその思案するところも深く、極限まで行ったのだろう。人は青春の道を通って大人になる。青春とは、肉体的にも精神的にも一人の人間として成長するための関門であり、美しくも苦しい時間であろう。エンマとの苦悩と喜びの時間。エンマに近づき胸が高鳴るハンス。しかしエンマは去り、彼女と共に一切が去ってしまった。

読み終わって人は、それでも生きていくことをよしと思うのか。「車輪の下」から這い出して生きてゆくか。しかし人はそれでも生きていくのだ。生きていく重さの中にこそ悲喜こもごもがあり、それを乗り越えてまた新しい未来が開けてくる。人生とはそんなものだろう、そう思わせられる作品である。

6　ストレイシープ（迷える子羊）

「三四郎」夏目漱石

「三四郎」は一九〇八年（明治四一）夏目漱石四十一歳の作である。漱石は本名を金之助といい、一八六七年（慶応三）江戸牛込馬場下横町に生まれた。東京帝国大学英文科に学び、卒業後東京師範（現在早稲田大学）などの英語教師を経て、熊本の第五高等学校（現熊本大学）に赴任し、そこで中根鏡子と結婚している。その後国費留学生としてロンドンで二年余り英文学論の研究をして、一九〇三年（明治三六）三十六歳の時帰国。正岡子規とも交友があったのは有名である。子規死後、子規の弟子であった高浜虚子の勧めで句誌「ホトトギス」に小説「吾輩は猫である」を発表し、作家の道を歩き始める。その後、朝日新聞社の専属作家となり、「坊っちゃん」「草枕」「坑夫」「三四郎」等多くを書いた。そしてその後も大作をものにし、一九一六年（大正五）四十九歳で胃潰瘍の悪化で没した。

「三四郎」は一九〇八年（明治四一）に書かれた。主人公三四郎は、熊本から大学入学のため上京したが、その時汽車の中で出会った女性を行掛り上案内してやることになり、名古屋につくと、成り行きから同じ宿でしかも同じ部屋で、一泊することになる。更に同じ布団の真ん中にシーツで仕切りを作って寝た。翌日別れるときその女に、「あなたはよっぽど度胸のないかたですね」と言われた。三四郎は衝撃を受ける。学問の世界しか知らない自分が、東京に行こうとして、学問とはまるで違う現実のやり取りの中に投げ出されて戸惑う三四郎であった。

　東京で暮らし始め、大学の授業が始まる。しかし教室には教師も生徒もいない。ある日やっと集まって、授業を聞くが、全く面白くない。親しくなった佐々木与次郎なる学友にこぼすと、授業など面白いわけがないと、端《はな》から受け付けない。熊本にいる母の知人で研究者の野々宮という人を訪ねなさいと母の手紙。早速理科大に行ってみた。穴倉のような薄暗い部屋で、機器を覗いていた野々宮さん。何とも現実世界に役立ちそうもない奇妙さを思わされる三四郎。

帰りに池の端で、二人の女性に出会った。団扇を額の前にかざしているその一人が、三四郎に謎をかけてくることになる美禰子である。そしてこの池が、現在「三四郎池」と呼ばれている東大の構内にある池である。

与次郎は同じ大学の学友でありながら、こまごまと動き回る現実の世界に生きている人間だ。三四郎はその与次郎が師と仰ぐ広田先生なる人物とも会う。与次郎は広田先生を深く尊敬し、いつか今高校で英語を教えている広田先生を、大学の教授に押すのだと発奮しているのである。与次郎は広田先生のことを「偉大なる暗闇」と言った。それは、現実の世界では役立たないが、学問の世界に生きる偉大な人間のことを言うらしい。

池で見かけた団扇の女性が、野々宮さんの妹よし子の友達であることを知る三四郎。三四郎はその美禰子に惹かれていく。はっきりものを言い、自分の思うように人も自分も動かそうとする美禰子。野々宮よし子に近づくにつれて、美禰子とのやり取りも深まる。ある時菊見に、野々宮兄妹、美禰子、広田先生、与次郎と三四郎とで出かけた。途中、美禰子が気分が悪くなり、一行から遅れる。三四郎はそれを知り、一人残って美禰子に付き添う。力なく草の上に座る美禰子であるが、美禰子は三四郎を見上げて、「迷える子《ストレイシープ》」と謎のような言葉をつぶやく。またもや衝撃を受けた三四郎。

　与次郎は広田先生を大学教授にするために動き回る。論文を書いたり、大会を開いたり。しかし結局、広田先生は大学教授に選任されなかった。与次郎も三四郎もがっかりしてしまう。三四郎の目の前には、三つの世界が広がっている。一つは学問の世界。二つは熊本の母の世界。そして三つめは、明るく広がる華やいだ世界だ。三つめは美禰子のいる世界である。

　三四郎は美禰子が結婚するという話を聞く。そして相手は野々宮さんかと思う。美禰子と野々宮さんを並べると苦しい三四郎である。しかし美禰子のそばにいる他の男性をこの頃見かけるようになった三四郎。原口という画家が美禰子の団扇をかざしている絵を描いた。その絵が展覧会で大評判となり、皆で見に行ったが、その時美禰子はその男性とすでに結婚していた。人が会場にたくさん詰めかけ、その美禰子の「森の女」を見ている。美禰子の横にいる男性は、画家の原口氏に丁寧に挨拶をしていた。与次郎は三四郎に「森の女」はどうだと聞く。三四郎は題が悪いといった。与次郎がじゃあ何がいいかと聞くと、三四郎は「迷羊《ストレイシープ》」だと答えようとして終わる物語である。

漱石自身が生きた学問の世界。それは「高等遊民」と呼ばれる、漱石の作品にしばしば登場する主人公達のいる世界でもある。そしてここで与次郎が広田先生を指して言った「偉大なる暗闇」とはまさにその「高等遊民」を言い得ているだろう。そしてこの世にはその「暗闇」にこよなく魅せられる人間もいれば、逆にその世界を厭って、現実世界を大事にする人間もいる。私には「偉大なる暗闇」も現実の世界もともに大いに魅力的である。三四郎がその「偉大なる暗闇」の前に立ち、一方の現実の世界にいる美禰子に魅せられる物語である。学問の世界しか知らない三四郎の前に広がる現実の世界。三四郎の前に投げ出された世界が、まことに面白く魅力的に描かれた作品である。そして大抵の人は皆そんな中に生きているのではないだろうか。

学問の世界に生きた漱石が、日常の世界に翻弄《ほんろう》される話は有名であるが、そんな中を真摯に生きた漱石がまことに魅力的である。とはいえ、最後に漱石が書いた「道草」はその漱石が行き着いた人生を書いたものとして、天変地異の作品となっている。主人公は学者を生きつつ、まことに日常のこまごました煩わしいやり取りに苦悩する人間として描かれている。人間の日々の現実の煩わしさを語る物語である。金の問題しかり。そして漱石が生きて最後に書きたかったことは、そういう世界のことではなかったかと思うのである。最後に「道草」を書いた。高等遊民の生きる理の通った美しい世界ではなく、混沌とした汚れのある世界。漱石を知る者としては、衝撃的である。しかし最後にこの世界に行きついた漱石もまた一段と魅力的であると思う。

7　日本自然主義文学の嚆矢

「田舎教師」田山花袋

田山花袋は一八七二年（明治五）、群馬県館林《たてばやし》に生まれた。本名は録弥《ろくや》。同じ一八七二年生まれには樋口一葉、島崎藤村がいる。私塾で英語を学び西欧文学に接するが、一八九一年（明治二四）二十九歳で尾崎紅葉の門をたたき入門、処女作「瓜畑」を発表した。初期の作品群では感傷的な抒情小説を書いたが、その後結婚して空想ならぬ現実の女性を知り、就職をして生活も安定し、いよいよ現実的になり、作品も変化していった。ゾラ、モーパッサンらのフランス自然主義の影響を受けた写実的な作品を書くようになる。「重右衛門の最後」以後、写実を骨子とした作品となり、写実を旨とする日本の自然主義文学の代表的な作家と言われるようになる。その他「蒲団」、「生」、「妻」などの作品を書いたが、一九三〇年（昭和五）五十八歳で脳出血に倒れ没した。

「田舎教師」は一九〇九年（明治四二）、三十七歳の時発表した作品である。彼が前に発表した「蒲団」と共に日本の自然主義文学の嚆矢とみられている。時は日露戦争で勝利し始めた頃であり、作中にもそのことが描かれており、そんな世界が舞台である。そしてその舞台は埼玉県の行田《ぎょうだ》、熊谷、羽生《はにゅう》といった田舎町である。主人公、林清三は中学五年卒業後、羽生の寒村にある弥勒小学校の代用教員となる。清三の父は善人でお人好しだが、そのくせ偽の書画を売る商売をしている。清三はそのことに心が痛むのである。母は家計の足りないところを繕い物をして助けている。実家のある行田から、弥勒小学校まで通うのは大変ということで、その途中にある、清三が親しくしている僧の持つ寺に寄宿することにした。そして日曜日に行田に帰ることにした。常に金に貧しているる母に、清三は少ない給料から工面して金を渡している。田舎町の羽生に若き日の一身を落ち着けた清三である。周りは花も木も豊かに育つ、美しく静かな土地だ。和尚はよくしてくれる。しかし清三は貧しいゆえに達せられない功名心を嘆く毎日だ。

清三は友人の北川の妹美穂子に思いを寄せるようになる。北川との行き来で美穂子の動静を知る。また親友の小島は高等学校に合格して東京へ行った。清三は弥勒小学校で、無邪気な子供達と学び遊ぶ日を送る。そして友人達との行き来、同僚達との飲み会等で思いを癒す清三。郁治も美穂子を好いているらしいと知り、清三は苦しむ。また石川が加須《かぞ》の芸者と遊んでいるのを知る。金持ちはいいなと清三は羨む。

若い清三は、平和な田舎町にも日々の現実の中には悲しいことがあり、苦難の世であることを知らされる。そんな時清三も女のいる店に足を運ぶようになった。嘘の世界、お世辞の世界に住むと思っていた女の、案外とまじめな面があることを知り、女のことを本気で思うようになった。しかし女に身を引かせてくれと言われる清三。清三はそんな金はないと言うしかなかった。友人である郵便局の息子の萩生は色々と手を貸してくれる、面倒見のいい男である。彼に助けられる清三。清三は実家に頼まれて渡す金、女とやり取りするための金、生活のために必要な金が要り、借金がどんどんたまる。そんな苦しい日々を送る中で、とうとう清三は疲労のため体を病んでしまった。見る見るうちに痩せて、青い顔になっていくばかりなのである。そして両親、友人たちの心配にも答えることなく、また何の成功を収めることもなく、医師にも思うようにかかれず、病み疲れて死んでしまった清三であった。世はまさに日露戦争が勃発した波乱の時であった。葬られた墓に、教え子だった女の子が高校生になり、参り、泣いているのを見たと話す者がいたという。寂しく終わる物語である。

主人公の林清三という若者。これも実在の人物を見て温められた作品であるという。若者のありのままの生きざまが、写実的に描かれている。その苦労を抱えての必死な姿である。その写実性は訴える力を持ち、まだ近代という時代の入口であった当時としては破格のものがあり、今日まで名作として読み続けられている理由であろう。そして文章にも内容にも古きに堕することのない普遍的な新しさがある。つまり近代文学というに値する作品となっている。そして近代文学の中の一つの流れである、写実性を重んじた自然主義文学の代表的作品であると評価されている。清三をはじめ登場人物達の個性がここでもしっかり描かれているところがこの作品の特徴であろう。お人好しでありながら、偽の絵を売る商売をしている父、その夫を支え息子をいたわり気遣う母、それぞれに動いている友人達の個性。読む者に迫って来る人間たちだ。そして苦労の中で死んでしまった清三。

この作品が訴える力を持っているのは、何といっても日常の苦悩がありのままに描かれているところだろう。それまで抒情的、浪漫的であった美しさを旨とした日本の文学は、フランスのエミール・ゾラによる、美醜を問わず、事実をそのまま書くという、フランス自然主義の影響を受けて新しいものになっていった。そして日本にも前述したように自然主義文学という流れが起こった。藤村の「破戒」と並び、花袋の「蒲団」そしてこの同じ花袋による「田舎教師」が、人間のありのままを描くという、日本の自然主義文学の嚆矢と評価されている作品である。確かに人間の美も醜も、人間の思うようにならぬ苦しさも、美化されず事実としてそのまま描かれていると言える。人間とはそういうものだと強く描いている。その真実性にいつの世においても読む者の琴線に触れてくるものがあるのではないかと思うのである。そして深く共感させるものがある。すぐれた教師ということをではなく、教師でありながら一個の人間としての苦難多き波乱ある日々が、そのままに描かれているということであろう。決して教師の理想像を描こうとしたのではない。長所と欠点、もっと言えば、善と悪を持つ生身の人間というものを、怯むことなく描いたものである。そして私は、その中にこそ人間の深い真実ともいえるものがあると思うのである。

そしてそれが人の心をとらえる文学であると思う。

8　人間の汚れもまたいい

「生れ出づる悩み」有島武郎

有島武郎は一八七八年（明治一一）、東京府小石川で生まれた。父は官僚だった。十二歳ごろから農業志望になる。十三歳で学習院中等科へ進む。十七歳の時、歴史小説「慶長武士」を書く。十九歳、札幌農学校へ入学。同校教授の新渡戸稲造を知る。「根なし」を書く。二十歳、内村鑑三を知る。二十二歳、死を覚悟したが思いとどまり、キリスト教入信。二十三歳、札幌農学校の校歌を作詞。二十六歳「草いきれ」を書く。米国留学。二十七歳、キリスト教信仰を疑い始める。文学書を耽読。三十一歳、武者小路実篤来訪。三十二歳、神尾安子と結婚。三十九歳、妻安子死去。四十歳、「カインの末裔」、「惜しみなく愛は奪う」他多くを発表。四十一歳、「小さき者へ」、「生れ出づる悩み」他を発表。四十二歳、「或る女」他を発表。一九二三年（大正一二）、四十六歳、波多野秋子と軽井沢で縊死《いし》。

「生れ出づる悩み」は一九一八年（大正七）四十歳の作である。喜びと苦しさの中で仕事をして、文筆を志している私。寂しさのあまり、筆を止めて君のことを思ったというところから始まる。君に初めて会ったのは、札幌に住んでいるときであった。絵を見てくれと言って、訪ねてきた。中学校の制服を着ていた君。高慢ちきな若者に見えた。しかし彼の絵は私の反感にうち勝って私に迫って来た。「また持って来ますから見てください」。この言葉が二人を固く結びつけた。「絵が好きなんだけれども、下手だからだめです」、真剣な顔をしてそういって帰って行った。それから彼のことを思い出しながら、消息が絶えた。私は結婚して三人の子供を得た。そして東京で文学者の道を歩き始めたのである。人類の意思と取り組む覚悟をした。あの少年はどうなったろう、そう思うこともあった。どうか私のように苦しまないで勤勉な凡人にでもなってくれ、と思う。ある時小包が届いて、一冊のスケッチブックが出てきた。彼のだった。北海道の風景である。そして手紙も来た。本来は漁夫であると。忙しくてなかなか絵を描けないと。私は北海道に君に会いに行った。旅館で君を待つ。やっとやってきた君。想像できぬほど大きな若者になっていた。漁夫として家計を助けるために頑張っている君。あれから十年が早くも経っていた。この世の不条理を君もまた生きている。そして山を描きたい、海を描きたいと思っている、優しい君を思った。君は仕事があるからと、雪の中を急いで帰って行った。

私は東京へ帰った。そして私は北海道を思い出し、君を思った。北海道の長い冬はまだ明けない。砂浜に舫《もや》われた百艘近い大和船は、舳先《へさき》を沖のほうへ向けて互いにしがみついている。凍った雲。漁夫、お内儀《かみ》さんたち、赤子の激しい泣き声。二時間もたったころ、「出すべ」と老船頭の合図。もの悲しい北国特有の漁夫の掛け声に励まされながら、船は沖へ沖へと遠ざかっていく。海鳥の群れが現れる。東の空に黎明《れいめい》の光。漁をしながら、君は人間の運命のはかなさと美しさに同時に胸を締め付けられる。そしていつの間にか人々の会話から遠のいて黙り、果てしもなく回想の迷路をたどって歩く。私はそんな君を想像する。君はある事件に遭遇したという。荒れ狂う波のうねりに帆は突然奪い取られ、舵《かじ》も利かない。船底を上にして転覆した船体に君はしがみつこうとした。懸命な努力は降りしきる雪と荒れ狂う水の中で行われた。「死にはしないぞ」

君は必死で思い続けた。助け船にやっと出くわしたのは、それから大分経ってからだった。二艘の船はたがいに近づいた。船と船をつないで風の吹くまま走った。やがて行く手の波の上にぼんやりと雷電峠の姿が現れる。君の憧れの峠だ。そして陸地に無事近づいて助けられる。漁夫たちは元気を取り戻した。陸の上で、君の老父は君と兄をじっと見つめていた。何という真剣なそして険しい漁夫の生活だろう。生は死より不思議だ。そんな中「絵がかきたい」、君は寝ても起きても一つの果てしない望みを諦めず、胸の奥に大事に持っているのだ。

やがて春が来る。集まって来た漁夫たちが活気を見せ始める。少しの暇を見つけて、そんな朝、君はふいと家を出る。スケッチ帳と一本の鉛筆をもって。君は雷電峠を見つめる。この自然が君にもたらしてくれる親しみはしみじみとしたものだった。しかし、後で絵を眺めながら、君は父親にも兄にも、こうして頑《かたく》なに絵を描こうとする気持ちを持ち続けることを申し訳なく、済まないような思いになって来るのだ。若者の必死な思い。そして君の心の中には恐ろしい企図が目覚めていた。その企図とは自殺するということだ。崖から飛び降りそうになる。しかし身の毛をよだてながら正気になった。君はかかる内部の葛藤の激しさに耐えかねて、私にスケッチ帳と手紙を送ったのだ。私は君に芸術家になったらいいだろうと言えなかった。それは君が決めることだ。最上の道が開けることを祈る、で終わる。

美しく深い文章で書かれている。読み進むにつれてそれがわかる。人間というものの目指す究極の夢。そして希望でもあるだろう。どんなに頑張っても、それよりもっと奥深くにある完全さを追い求めようとする生き方であろう。人間に完全なものを求めることは厳しすぎるのではないか。人間は清濁併せ呑む存在であり、性善、性悪のどちらをも持っているものと思う。そしてそこにこそ人間というものの偉大さと言えるものがあると思うのである。夢を追って生きるのは人間にとって素晴らしいことではあるが、ならぬ時の覚悟もまた必要である。有島は人間の心の中を、きれいに語りたいと思った人なのではないだろうか。「生れ出づる悩み」は彼のそういう美しさを求める生き方から生まれる悩みのことを書いているのではないかと思う。不完全なものを受け入れるところに、人間の偉大さもあるのではないだろうか。彼の人生で、最後に取った心中ということも、そこから来ているのではないかと思うのであるが。汚れを愛し、不完全さも受け入れることが、人間の素晴らしさでもあるのではないかと思うのである。世の中には善を行う人もいる。そしてまた残念ながら悪を生きる人もいる。善意できれいに生きるのが理想だろう。しかし現実にはそうはならない。そんな中を生きるのが人間だと思うのである。そしてそこにこそ、人間がこの世で生きていく絶妙なる世界があると思うのである。少しの汚れを身に着けて、頑張ってほしかった。

9 悪に負けない人間の善意

「恩讐の彼方に」菊池 寛

菊池寛《ひろし》は一八八八年（明治二一）香川県高松市に生まれた。本名は菊池寛《かん》。一九一〇年（明治四三）一高（後の東京大学教養学部）に入学。入学時の成績は五番であり、極めて優秀だった。同級に芥川龍之介、久米正雄がいた。その後友人の成瀬正一の家に寄寓し、京大へ行かせてもらっている。京大在学中、芥川龍之介、久米正雄、山本有三らと第三次「新思潮」を創刊し「屋上の狂人」、戯曲「父帰る」を発表した。その後「中央公論」などにテーマ性のある作品を発表するようになり、「恩讐《おんしゅう》の彼方に」「藤十郎の恋」などを書き、文壇の大御所と目されるようになる。事業家としても「文藝春秋」を創刊し、後進育成のために芥川賞、直木賞を創設し、目覚ましい成果を残した。一九四八年（昭和二三）狭心症の発作で倒れ、死亡。享年六十。

「恩讐の彼方に」は一九一九年（大正八）三十歳の時発表したものである。主人公は市九郎。彼は主人三郎兵衛の寵妾を恋したということで、主人に切り込まれた。頰から顎にかけて太刀を受けたが、攻撃に転じ主人の脇腹を思うままに切り放した。罪におののく市九郎に三郎兵衛の妾お弓は、家にあった金をもって二人で逃げようという。その時三郎兵衛の一子実之助が何も知らずに眠っていた。二人は信濃から木曽へ行き、そこに住み、昼は茶屋を開き、夜は強盗を働いた。ある日店に若い夫婦が来た。信州の豪農らしい。その二人が夕暮れになり店を出ていくと、市九郎は追っていき二人を殺害してしまい、着物をはぎ取ってお弓に渡したのである。お弓は頭を飾っていた高価なものを如何してとってこなかったのかと責める。私が今からとってくるからと言って出ていった。市九郎はそれよりお弓がつくづくいやになり、家を出た。途中浄願寺という寺があった。市九郎はその寺に駆け込んだ。そこの上人はこの極悪人を捨てなかった。自首しようとする市九郎にそれより仏道に帰依し、衆生のために人を救い自分も救うがよいと。市九郎は修行をし、その後師の許しを得て旅に出た。

旅の途中で四、五人の人々が騒いでいるのに出会った。彼らは非業の死を遂げたこの男を回向《えこう》してくだされと言うのである。川に落ちて死んだのだと。この難所で一年に一〇人の人の命がなくなると聞いて、市九郎は自分の身を捨てて、この難所を除こうと思った。三町をも越える大磐石をくりぬいて道を通そうと。寄付を集め始めた。しかし人々はたわけといって誰も助けるものはいなかった。市九郎は一人で取り掛かった。人々はみな笑った。しかし市九郎はやめなかった。人々は笑い続けたが、いつの間にか同情に変わった。九年が過ぎた。人々は寄付も始めた。しかし里人はまたあきらめた。十三年たった。そして十八年目、里人はまた近づいた。そして助けた。しかし老衰の身となった市九郎。その時、三郎兵衛の子供実之助が復讐を図った。そのため十九歳になって報復の旅に出たのである。あるところで市九郎の噂を耳にした実之助。そして洞窟を見つけた。そこで一人の僧が出てきたのに会った。自己紹介をした実之助に、御父上を殺したのは私ですと言いきった市九郎。そして覚悟はできていますと。五日目の夜、市九郎を討とうと洞窟の中へ入った実之助であったが、そこでカツカツという音がして、その間に経文を唱える声がしみいるばかりに聞こえてきた。それを聞き、戦慄した実之助であった。即座に自分もともに穴を掘ろうと、斧をふるい始めたのである。そして恨みを忘れようと一身に掘った。夜九つ。突然小さな穴が開いた。実之助殿ご覧くだされ、二十一年の大誓願が成就しましたと市九郎。約束じゃ、どうか私をお断り下されと。しかし何と実之助は涙にむせぶばかりであった。彼は老僧の手を取り、すべてを忘れて、二人感激の涙にむせびあったのである。ここで終わる物語である。

人間は間違いも犯す。他人の寵愛する女性と間違いを起こした主人公。怒りをこうむるのも当然である。しかし主人公の市九郎はその主人を逆恨みして殺してしまったのである。そしてその女と出奔《しゅっぽん》してしまう。人間とは善と悪の両方を持つ存在ではないだろうか。従って悪をもなしうる。しかしそれで終わらないのもまた人間である。どんな困難にも、また人の蔑《さげす》みにも負けず人を助けるために壁を掘り続け、そしてやり通した姿は、人間の奥にあるまぎれもない本質を語っているように思う。私は究極人間とはそういう存在であると信じたいし、また信じて生きている。人間が生きるとはそういう世界に行きつくことではないかと思うのであるが。

菊池寛は短編を多く書いているが、そのほとんどがテーマ小説と言われている。人間の一つの見方をとらえ、それを訴える作品となっているということだろう。そしてその人間の見方に大いに共感させるものがある。人間のとらえ方がいいし、また真実と思わせるものを持っている。人間の奥にある素敵さ。人間にはそういうものがあるから生き続けているのではないだろうか。そしてそれを訴える作品であるところが、彼の偉大さであると思う。生きるっていいなと読む者に思わせてくれる。

「藤十郎の恋」、「忠直卿行状記」、「俊寛」等みな人間の美しい内面を描いている。「真珠夫人」しかり。そして彼の作品が示した通り、彼も見事な一生を生きた。作家であり実業家でもあった彼の周りには多くの人が集まった。若くして貧しかった彼が晩年収入が増えるにつれ、彼の家を訪れる若者たちに小遣い銭をやり、食事に連れ出すことを忘れなかった。またこれから世に出ようとする作家たちに、発表の場を提供したりもした。そして文壇に一勢力をなして逝ったのである。

10　友情と恋愛のはざま

「友情」武者小路実篤

武者小路実篤は一八八五年（明治一八）、東京市麹町区に生まれた。父は子爵の武者小路実世で、その八番目の末子である。両親とも公卿の出身。上の五人の兄姉は生後間もなく死没。姉伊嘉子と兄公共と三人の子で育った。二歳の時父を亡くす。一八九一年（明治二四）学習院初等科に入学。兄公共は学習院きっての秀才だった。一九〇〇年（明治三三）十五歳、初恋の相手お貞さんを知る。しかし失恋し、その痛手が文学を志すきっかけの一つとなった。十八歳の時、聖書、トルストイを読み、強い影響を受ける。一九〇六年（明治三九）二十一歳で東京帝国大学文科に入る。そして彼は自分は日本のいろいろの人から感化を受けた、しかしそれを皆合わせてもトルストイから受けた感化には及ぶまい、と言っている。物質的な欲望を軽視し、もっぱら精神的な価値を追求するようになる。しかしその後、トルストイの克己、自己犠牲、禁欲主義から、自己肯定へと変化していく。彼が創設した「新しき村」もその表れである。そして最後まで偉大な自分になりたいと念じて多くの作品を残し、一九七六年（昭和五一）九十歳で没した。

「友情」は一九一九年（大正八）三十四歳の時、「大阪毎日新聞」に連載。主人公野島は写真で見てから杉子に惹かれた。友人仲田の妹である。美しい女だと思う野島。まだ十六歳である。それから劇場で会った。野島の気持ちを知った大宮という友達が、二人の仲を大切にしてくれて、助けてくれる。恋は諦めるべきでない、とことん進むべきだと大宮。仲田の家でピンポンをやると言うので、野島も行った。杉子が帰って来て、野島の相手をする。杉子のピンポンを見て、彼女は素直で、親切で、利口で、快活で、正しいことを通す女性だと思う野島。そして彼女は僕を嫌っていないと思う。夏休み、鎌倉の仲田の別荘で、野島、大宮も一緒に過ごした。大宮と野島は大いに心が通い合う。大宮はなお僕は君の幸福を望むよと野島に言う。恋も一種の征服だよと。今度は大宮の別荘でトランプをした。杉子も呼んだ。杉子は少しあがっていた。野島は杉子は大宮に恋しているのではないかと思う。次の日大宮と会った野島。杉子が野島のことを褒めていたと大宮が言う。君は幸福になっていい人だと。お互い勉強して偉くなろうねと約束する二人。仲田兄妹と大宮と野島は大宮の家でよくしゃべった。

ある時大宮が、杉子に冷淡になったと野島は思う。皆で海へ行った翌朝、野島は熱が出た。杉子さんがお大事にと言っていたよと大宮。大宮は西洋に行きたいと言い始める。レオナルド、ミケランジェロの絵が見たいと。杉子は大宮さんはあなたの事褒めてらしたわと野島に。本当にあなたたちはいいお友達ねと。

大宮が横浜から発つことになり、皆で送りに行った。僕は君の幸福を祈っていると、大宮が野島に言う。杉子のほうを見ると、杉子は化粧をしっかりして大宮を見詰めていた。一年後、人を通して野島は杉子に結婚を申し込んだ。断られた野島。私は気持ちはありませんと。大宮に報告した。その後、大宮は杉子のことを書いてこなくなった。実は杉子は大宮を愛していたのである。そして大宮へ勇気をもって愛の告白の手紙を送った杉子。その返事での大宮の言葉。

貴女の手紙を受け取らなかったことを僕は望んでいます。野島のことをもう一遍考えてください。野島のいいところをあなたは御存じないのです。野島のような立派な男に恋されたあなたは幸せ者です。野島を愛してください、と。杉子の返事には、私は野島さんを尊敬しますが、愛することはできません。私は運命の扉を開こうと思います。その扉をたたけるだけ叩きます。大宮の返事。僕はそれを恐れていたのです。だから西洋まで来たのです。野島とあなたが結婚することを望んでいました。まだ野島の良さがあなたにはわかっていないのです。杉子の返事。あなたはうそつきです。あなたは本当は私のことを愛してくださっているのです。そして私のいい性質を認めていて下さるのはあなただけです。私はあなたのところへ参りたいです。友情という石で私をたたかないでください。大宮の返事。僕は何と返事していいかわからない。僕は親友の恋している女を横取りにはできません。野島よ許してくれ。杉子の返事。私はあなたに愛されていることを確信しています。そして幸せです。大宮の返事。正直に言えば、あなたを好きになったのは野島より先だったかもしれない。そして忘れることができなくなった。僕は運命の与えてくれたものをとる。

わが友よ、自分は二人の手紙をここに公にする。それについて何も言い訳をしない。しかし自分はあるものに謝りたい。そして許しをこいたい。杉子さんと結婚することになるだろう。野島はこの手紙を読んで泣いた、怒った、わめいた。これが神から与えられた杯ならば飲み干さねばならない。自分はさみしさをやっと耐えてきた。今後はなお耐えねばならない、全く一人で、神よ助けたまえ。ここで終わる。

人間にとって大切な友情ということの深い意味。その深さが見事に描かれている。真に友情が成り立つのは、人間として真実に生きる時ではないだろうか。人間とは何ぞやとも向き合うことであろう。大宮と野島のたがいを信じあう心情が伝わってくる。しかし一人の女を愛することで、その心情を葬らねばならなくなった大宮。人間にとって、友情と恋愛とどちらが真実のものなのか、深く深く考えさせる作品である。しかし大宮の友情を守ろうとする気持ちは、友から女性を奪うという不実をも許す深さと強さをも持っている。そしてその真の友情にも負けない愛の真実さをも描いているところに、この作品の偉大さがあるのではないだろうか。禁欲、自己犠牲的トルストイの作風、生き方から、自己肯定へと変革を遂げた作者の意向が読み取れる。友情をとるにしても、愛情をとるにしても、それに賛同を得るのは、真実に生きようとする真摯さにあるのではないかと思うのである。そしてさらに言えば、恋愛の成就は自己肯定の生にあるのではないか。自己肯定はニーチェに通じる。思えば思うほど深く思索させる作品である。

11　灰燼から生まれた新感覚派

「日輪」横光利一

横光利一は、一八九八年（明治三一）福島県に生まれる。父、梅次郎、母、こぎくの長男である。姉しずこがあった。父は土木工事の請負事業をしていて、住地を転々とした。一九一一年（明治四四）十三歳、三重県立第三中学校に入学。運動部で活躍。一九一六年（大正五）十八歳、「夜の翅《つばさ》」「修学旅行記」を校友会報に発表。中学卒業後、早稲田大学高等予科文科に入学。神経衰弱に陥る。長期欠席で除籍となる。幾つかの作品を投稿して入選。二年後復学するが、学費未納で再び除籍となる。一九二〇年（大正九）二十二歳で菊池寛に師事する。二十三歳で「日輪」に取り掛かる。川端康成を知る。二十六歳、「日輪」を春陽堂から刊行。新感覚派という文学運動が起こる。一九二六年（昭和元）二十八歳、同棲していた女性死去。翌年菊池寛の媒酌で、日向千代と結婚。上海、満州に旅行。その後、「蝿」「春は馬車に乗って」「機械」「上海」と書き、一九三四年（昭和九）三十六歳、「紋章」を「改造」に連載。「文学界」の同人となる。三十八歳、大阪毎日新聞社の特派員として渡欧。四十歳、中国を旅行。一九四七年（昭和二二）胃潰瘍から腹膜炎を併発して死去。享年四十九。新感覚派という感覚描写や、表現技法を革新しようとする川端康成らの文学運動がおこり、その一人として名を成す。

「日輪」の主人公は、日本が倭《やまと》と呼ばれていた時の邪馬台国女王であった卑弥《ひみ》呼《こ》である。そして卑弥呼を手にしようとして戦った男たちの物語である。卑弥呼はもともと不彌《うみ》の国の女。卑狗《ひこ》の大兄《おおえ》との結婚を控えていた。ある日、隣国の奴国《なこく》の王子長羅《ながら》という若者が、不彌の国に迷い込んで卑弥呼に会う。卑弥呼と大兄の婚姻の夜、卑弥呼は大兄の腕の中で眠っていた。長羅は卑弥呼に近づき、長羅の剣は大兄の胸を刺した。息絶えた大兄。「我は爾《なんじ》を奪いに来た。我とともに奴国へ来れ」と言って、卑弥呼を抱いて馬に乗って駆けだした長羅。「ああ、我を刺せ」と卑弥呼。奴国に帰った長羅は王の前に出て「父よ、我は勝った」と卑弥呼を前に出した。しかし王は、「我の王妃になれ」と卑弥呼に言うのである。長羅は「不彌の女は我の妻。我は妻を捜しに不彌へ行った」と言って、前にいる父を突き刺した。すると今度は卑弥呼の前に卑弥呼の住んでいた不彌の国の訶和郎《かわろ》という若者が現れた。そして彼は「姫よ、我と共に奴国を逃げよ。長羅は我と爾の敵である」と。その若者訶和郎に「刺せ」と卑弥呼が言う。「我は爾を不彌の王妃にする」と訶和郎。訶和郎と卑弥呼はその夜結ばれた。卑弥呼は新しい夫の腕の中にいた。夫訶和郎は奴国の追っ手を警戒して眠らなかった。その後耶馬台《やまと》の兵が攻めてきた。彼らは二人を見つけて、耶馬台の王の前に引き連れてきた。「我らは不彌の者。我らを放せ。」と訶和郎。卑弥呼はこの耶馬台の王を味方にして、奴国を攻めようと考えた。邪馬台の王は反耶《はんや》。またその弟反絵《はんゑ》。反絵は訶和郎に跳びかかった。卑弥呼は「彼は吾の夫、彼を赦せ」と。しかし卑弥呼は反絵に連れていかれ、反絵は訶和郎の首を討った。卑弥呼は卑狗の大兄に抱かれた夜と、訶和郎に抱かれた夜を思った。

　耶馬台の王反耶とその弟反絵の卑弥呼を奪い合う戦いが始まった。反絵は「兄より我は爾を愛す」という。そして反絵は兄反耶の腹を刺した。「我の妻になれ」と迫る反絵。一方先の奴国の宮では、長羅は卑弥呼を失って以来、横たわったままだった。そして「不彌の女は耶馬台の宮の王妃になった」という噂を耳にする。長羅はそれを聞き、「不彌の女を奪え。耶馬台を攻めよ」と。耶馬台の軍が、長羅のいる奴国に攻め入って来た。奴国の長羅が前へ出た。しかし耶馬台の反絵の剣が、長羅の腹を突いた。そして同時に長羅の剣も反絵の肩を切り落とした。だが長羅は再び立ち上がり、「卑弥呼、我は爾を迎えにここへ来た」と叫んだ。しかしその時卑弥呼は先の夫大兄の恨みをはらさんと長羅を撃ったのである。卑弥呼は吾ながら震えた。「大兄よ、我を赦せ。我は爾のために長羅を撃った。我は爾のために復讐した。」と。そして最後に、「長羅よ、我を赦せ。爾は我のために殺された。」と泣き伏した。長羅と反絵と卑弥呼を残して耶馬台の軍は去って行った。鬨《とき》の声は空に響いた。ここで終わる物語である。

不彌の最初の夫卑狗の大兄。卑弥呼を奪いに来た奴国の長羅とその父王。そして卑弥呼が二番目に愛して夫となった不彌の訶和郎。耶馬台から押し寄せてきて、卑弥呼を奪おうとした邪馬台国王の反耶とその弟反絵。それら六人の男たちの卑弥呼をめぐっての戦いとその心理のやり取りが読ませる。そして六人すべてが死んでしまったという物語。近づく男たちをみな虜にしてしまう「日輪」、つまり太陽的存在として描かれている美しい卑弥呼である。男の生きざま。しかもそれぞれに不彌国、奴国、邪馬台国を背に負うている男たちだ。時代を超えての男の生きざまがある。しかしまさに現実を語るストーリーではないだろう。非常に鋭い感覚で人間を探って創作し上げた物語である。しかし大いなるドラマがある。描かれた人間達がどこまでも深くそして強さがある、そんなことを感じさせる作品だ。

私は最後に卑弥呼は三番目の男長羅の愛を知ったのだと思う。第三の夫になるべき長羅を自ら刺した自分を、長羅に詫びた卑弥呼。深い読みをさせて、新感覚派を代表する横光利一の感性を感じさせる作品である。実はこの「日輪」が書かれた時、関東大震災が起こっていた。東京は一面の焼け野原と化した。その灰燼《かいじん》の中から生まれた新感覚派だという考え方もあるようだ。いずれにしても、鋭い感性が伝わってくる作品であり、深く心に訴える作品である。六人の男たちの鋭敏で感覚的な表現が心に迫って来る、新感覚派の作品である。川端康成も新感覚派の一人であると評されている。他に中河与一、今東光らも挙げられる。表現が鋭く美しいと思う。

敗戦の直後に満五十歳にも達せず亡くなった利一。告別式で読まれた川端康成の弔辞には「君の骨もまた国破れて砕けたものである。この度の戦争が、ことに敗亡が、いかに君の心身を痛め傷つけたか」とあったという。

12　宿命的放浪者

「放浪記」林　芙美子

林芙美子は、一九〇三年（明治三六）下関で生まれたと戸籍にはある。実父の麻太郎は、妻キクの妊娠を喜ばず、結婚届も出さず、また芙美子を認知しようともせず、私生児として届けなければならなくなったらしい。そんな彼女は成長後、尾道での女学校時代に仲のいい友達は一人もいず、図書館に入り浸りで過ごしたという。その後、国語や作文では優れた才能を見せるようになり、若い文学志望者の間で、詩人の女学生として知られるようになった。仲間もでき、その中の一人に岡野軍一という明治大学の学生がおり、芙美子の初恋の人となる。東京に二人で出て同棲をしている。上京して間もなく、銭湯の番台にすわった。岡野には芙美子との間を反対する姉がおり、結局彼に裏切られる。その後安カフェの女給、女中、女工、売り子、事務員等を転々としながら、作家になろうと詩と小説を書くようになる。何人かの男性と同棲もし、最後に、芙美子を温かく見守ってくれる手塚緑敏なる売れない画家と一緒になり、一九五一年（昭和二六）六月、心臓麻痺で没した。享年四十七。常に貧苦と闘いながら、作家になろうと必死に書き続けたが、執筆の無理から逝ったともいわれている。そして昭和文学を代表する女流作家、林芙美子の名を残した。林芙美子という作家を心から愛し、またその作品に慰めを見出した人も多くいる。

「放浪記」は、一九二八年（昭和三）の作品である。芙美子二十五歳。二年後、改造社から「放浪記」が一冊として刊行され、ベストセラーになった。作品は「私は宿命的に放浪者である」と主人公「私」に言わせて始まる物語である。八歳の時呉服物のせり売りをして産を作った父が、芸者を家に連れ込んだため、母は私を連れて家を出た。その後養父と出会い、一家をなした。しかしほとんど住家というものを持たない木賃宿でばかりの生活だった。住居を変わってばかりで友達もできず、十二歳の時小学校をやめてしまった。それから行商をした。また工場に雇われた。ある時は、雇われていた子守の仕事からひまが出されて、行くところもなく何もかも投げ出したくなった私。夜、木賃宿に泊まる。

奉公先でもらった二円をあてにした。神田の職業紹介所に行って、伊太利大使館の女中の仕事を見つけた。しかし結局要領を得ず帰った。宿屋の小母《おば》さんは仕事が見つかるまでいていいと言ってくれた。私はメリヤスの猿股《さるまた》を並べて店を出した。

その後、芝居をしている男と一緒になった。しかしどうしてもその男を信じられない。また好きにもなれない。故郷へ帰ると言って、彼の元を離れた。ああ生きるのはむずかしい。その男が、桃割れを結った女ともつれ合っているのを見たのである。本当にいつになったら、こぢんまりした食卓を囲んで、ご飯が食べられる身分になれるのかしらと思う。知人の紹介で知った画学生に体をゆだねた。そして泣いた。淋しい、くだらない、金が欲しいと思う。故郷より手紙が来る。父より五円の為替が送って来た。私は久しぶりで東京に行く。新潮社に行き、詩の稿料六円をもらう。詩を書くことが、たった一つの慰めであった。

私はケイベツすべき女でございます。荒《すさ》み切った私です。今は女給部屋で生きてる私。「私は、これでも子供を二人も産んだのよ。」と仲間のお由さんが言う。彼女は男を養うために、子供は朝鮮のお母さんに預けて女給生活をしているのである。広い食堂の中をかたづけて初めて自由の体になる私。淋しい、つまらない、住み込みはつらいと思う。冷たい涙が流れて、泣くまいと思ってもせり上げてくる涙を、どうすることもできない。童話や詩を三つ四つ売ってみたところで、白いご飯が一か月のどに通るわけでもなかった。おなかがすくと頭がもうろうとしてきて、私の想像にもカビが生えてくる。いっそ、荒海の激しいただ中へ身を投げようかと思う。こんなところで働いていると、私は荒んで、万引きでもしたくなる。働きに行ってる父から、今度は、帰る旅費もないから、少しでも送ってくれという長い手紙が来た。久しぶりで、尾道の故郷に帰る。

それからある日また東京へ戻った私。幼なじみの時ちゃんと暮らす。時ちゃんは仕事探しに、毎夜一時二時まで回っている。ある夜、時ちゃんが酔っ払って帰って来た。外で「さよなら、時ちゃん！」と若い男の声がした。しかしある時から、時ちゃんが帰らなくなった。貧乏は決して恥じゃないと言っておいたのに。十八の彼女は紅も紫の服も欲しかったのだろう。時ちゃんからの便り。

「指輪をもらった人に脅迫されて、浅草の待合に居ります。このひとにはおくさんがあるんですけれど、それは出してもいいって云うんです。（…中略…）今四十二のひとです。着物も沢山こしらえてくれましたの、貴女の事も話したら、四十円位は毎月出してあげると云っていました。私嬉しいんです」とあった。ばか、ばか、こんなにもあの十八の女はもろかったのか、と何も見えなくなるほど本気で泣いてしまった。まだ処女だった彼女。下で小母さんの「林さん書留ですよッ！」との声。開けてみると時事の白木さんから、童話の稿料二十三円が入っていた。うれしい。うれしがってくれる相棒が、四十二の男に抱かれているなんて、で終わっている。

死にたい、死にたい、と何度も主人公に言わせている。簡単に言える言葉ではない。しかし読み進むにつれて、次第にその言葉に共感している私がいた。とてつもないどん底の生活。何もかもを失って、すべてを投げだしての、生身の命だけを抱きしめての生活。そんな中で人は生きていけるか。しかし詩と小説を書くことで何とか救われた主人公であった。そしてそこに希望も見える。生きていれば、人にはいろいろなどん底がある。しかし彼女はこれからも生き続けるだろう、とそう思わせて終わるところに救われる物語だ。

ところで、苦しい中を全力で生きている主人公である。そして生きるのは苦しいが、その苦しさが力になると作者は言っているのではないか。そしてもっとその苦しさを愛する深くて強い愛の言葉を主人公に言わせて欲しかったような気がする最後であった。しかし自分を愛し、この世の美しさを何としても見つけたいと思い続けた主人公であった。

13 労働者たちの悲劇

「蟹工船」小林多喜二

小林多喜二は一九〇三年（明治三六）、秋田県で生まれた。同年生まれに阿部知二、一年前生まれに中野重治、小林秀雄がいる。また一年後の生まれには、堀辰雄、佐多稲子がいる。多喜二には、兄、姉、妹二人、弟がいる。多喜二の第二の故郷は、北海道である。北海道で彼は伯父の家に住み込み、伯父の出費で小樽商業学校から小樽高等商業学校へと進み、大いに学んだ。そこですでに文学の世界に入っており、高商時代に短編を何作か書いている。またプロレタリア文学発表誌の「新興文学」に投稿して、掲載されている。そして早くも、「搾取」という言葉が、それら作品の中に使われ始めている。彼は志賀直哉の文学に強い関心を持った。志賀直哉の文章は、ありのままの人間を大事にする実存的傾向のある文章だと、私は思う。小林多喜二の自分を大事にするという実存性を探るのも興味深いものがあるかもしれない。小樽高商を卒業した多喜二は、北海道拓殖銀行に勤めるが、多忙の銀行生活をしながら同人雑誌の主宰者となっている。

多喜二の生涯にわたって深くかかわりのあった田口タキとの出会いがあった。銘酒屋に売られたタキをその境遇から救い、守り通したが、彼女との結婚はならず、彼女は他の男と結婚した。タキは多喜二の命日には、欠かさず小林家を訪れたとある。

初期作品にあった同情的ヒューマニズムは次第に消えていき、ブルジョワに対するプロレタリアという階級意識、有閑階級に対する反抗意識、搾取されている意識に向かっていった。そして「蟹工船」の書かれた昭和三、四年は、プロレタリア文学運動のピークに当たる時であり、理論と創作が両輪のように助け合い、きわめて活気ある論議が行われた一時期であった。

「蟹工船」は一九二九年(昭和四)、二十六歳の時に脱稿され、その年の五月六日の『戦旗』に分載されたが、発表禁止となる。しかしのちに発表されて、現在まで読み続けられてきた。「蟹工船」で蟹漁に出る「博光丸」の漁夫たちは、色々な地で丸裸にされた人間たちばかりである。貧しい食料と過酷な労働、彼ら労働者が死のうがどうしようが、丸ビルにいる重役には何でもないのだ。帝国日本のために彼らは働かせられて、嘘のように金が重役の懐に入る。逃げ出そうとしてボイラーに二日間隠れていた男が、腹が減ってたまらず出てきた。その男はシャツ一枚にされて、便所の中に押し込まれて錠をかけられた。二日後に死んだ。また、漁をするために出した小船が水没して帰らなかった。その船に乗っていた漁夫たちの荷物が調べられたりした。「俺らもうっかりするとやられるんだ」という者。しかしその船は、三日たって帰って来た。彼らは大暴風に遭い、カムサッカの岸に打ち上げられた。そして付近のロシア人に救われた。そこに二日いて帰って来たのだという。ロシア人の中にいた、日本語を話せる中国人の通訳で話が通じたという。「日本人、働く人と、働かない人。ロシア人、働く人ばかり。働く人、プロレタリア。プロレタリア一番偉い。日本、働かない人威張っている。それだめ」と。「あなた方船に帰って、戦え、大丈夫、勝つ!」と言われ帰って来たのである。

北海道で資本家たちは無茶な虐待をした。労働者たちは何も言えなかった。

動けない労働者たちを、やけ火箸でいきなり殴り、腰が立たないほど痛めつけることは毎日だった。死んでもそのまま何日も放っておかれた。そして蟹漁が忙しくなると、監督も船長もさらに当たる。前歯を折られて、一晩中「血の唾」を吐いたり、過労で仕事中に卒倒したり、平手でめちゃくちゃに叩かれて、耳が聞こえなくなったりした。漁夫には兵隊に行って来た者が多かったが、彼らは戦場が却って懐かしいという。今までの日本の戦争も、二、三の金持ちの指図で起きたのだと、彼らは言った。

しかし漁夫たちは、次第に気づかれないように手を緩めたり、叩かれてもおとなしくして、「サボ」を覚えるようになった。俺たち四、五人いれば船頭の一人ぐらい海へ叩き落せる。元気出そう。あっちは十人、こっちは四百人だと。散々いじめられた我々、仕返しする。ストライキも万歳だ、と。それから船長室へ押しかけた。船長、雑夫長、工場代表が片隅に固まって立っていた。彼らはピストルも撃てなかった。そして最後「サボ」は成功した。監督や雑夫長らは無一文で放り出された。ここで終わっている。

小説としては特殊な形態の作品である。先ず主人公がいない。それから登場人物たちの個性が全く書かれていない。そこにこの作品が強い主張を持ちながら、心に触れてくる感動をもたらしにくい、文学作品としてはある特徴を持った作品であると思うのであるが。労働者たちの悲劇を描き、その理不尽さ、社会をゆがめている悪だと書きながら、人間を描き切れていないのではないだろうか。大正末期から昭和初期にかけて、社会不安を背景として階級理論を文学化する活動が始まったのが、プロレタリア文学である。他に中野重治、宮本百合子、佐多稲子たちがいる。当時二十五歳だった多喜二はまだ一銀行員であった。しかも一家を扶養する責任を持った戸主でもあった。この作品を書いた前年の一九二八年（昭和三）、三月十五日に日本共産党の全国一斉検挙、いわゆる三・一五事件があった。その後多喜二はこの「蟹工船」に着手している。しかし一九三三年（昭和八）二月二十日、多喜二は赤坂で築地署の特高に逮捕され、同署の拷問の末その日の夕、獄死した。彼を信じ、期待していた人たちも多くおり、後々までその死は悼まれている。深く考えさせられる事件である。権力と金が弱者を虐げるという人間世界の現実。良識の通っている世の中であるならば起こり得ないことであろうと思いたい。プロレタリア文学は昭和九年ごろには、文学運動としては終わっている。またその左翼思想を離れた、転向者文芸も起こった。中野重治その他である。

「蟹工船」は訴えるものは強くあるが、人間の中にもあると思われる、そして主義、主張の中にもあると思われる人間の優しさ、温かさというものがもっとほしいと思った。それは前記した登場人物達の個性が描かれていないところからくるものではないだろうか。文学には大事な視点ではないか。そしてそれが文学であると思うのである。

14　夢の中を走る銀河鉄道

「銀河鉄道の夜」宮沢賢治

宮沢賢治は一八九六年（明治二九）、父政次郎、母イチの長男として、岩手県に生まれる。父は質屋、古着商。一九〇三年七歳で花巻川口尋常高等小学校に入学。この頃、「家なき子」に感銘する。十一歳頃より鉱物採集に熱中する。十三歳成績優秀で卒業。十七歳、ツルゲーネフなどロシア文学を読む。二十歳で参禅。同年、盛岡地方地質調査書を書く。短歌を発表するようになる。二十四歳、日蓮宗の国柱会に入会し、父と宗教上で対立する。二十六歳、妹トシ死亡。衝撃を受け、「永訣の朝」の詩を生む。二十八歳、「風の又三郎」を書く。次に「注文の多い料理店」刊行。この頃「銀河鉄道の夜」を書き始める。三十歳、「オッベルと象」発表。詩の発表も続く。近所の子供たちに、童話を読み聞かせる。三十一歳、肥料設計、稲作の指導をする。三十二歳、肥料相談に応じる。急性肺炎になる。三十四歳、病気やや回復。三十五歳、東北砕石工場技師嘱託となる。発熱、遺書を書く。三十六歳、「グスコーブドリの伝記」発表。一九三三年（昭和八）、九月二十一日死亡。享年三十七。

「銀河鉄道の夜」は、一九三四年（昭和九）作者の死後刊行された。主人公ジョバンニは授業で、天の河のことを星の集まりだと学ぶ。学校の帰り、ジョバンニは活版所で仕事をし、金をもらって家に帰る。母さんを手伝った後、銀河の祭りのある街に出た。ザネリと会い、「お父さんから、らっこの上着が来るよ」といや味を言われた。父が捕まえてくる筈のらっこをなかなか持って帰ってこなかったのである。雑貨店の前でクラスの皆に会った。「らっこの上着が来るよ」とまた皆に言われる。カンパネルラもいた。しかし彼は黙っていた。牧場の後ろの坂を上がって行く。からんと開け、天の河が見えた。汽車の音が聞こえた。いつの間にかその汽車の中にいた。

野原のようなところに出た。「銀河ステーション、銀河ステーション」という声が聞こえた。目の前がパッと明るくなり、気が付くとごとんごとんとジョバンニはまだ汽車に乗っていた。ジョバンニの前にカンパネルラも座っている。

みんなは遅れてしまったよ、とカンパネルラ。カンパネルラは、ぼく水筒とスケッチブックを忘れてきた、と天の河の水を見つめていた。窓の外には、青や橙や色々輝く三角標が立っていた。りんどうの花がいっぱいに光って咲いていた。おっかさんは、ぼくをゆるして下さるだろうか、とカンパネルラ。なんにもひどいことないじゃないの、とジョバンニ。誰だって、ほんとうにいいことをしたら、いちばん幸せなんだねえ。だから、おっかさんは、ぼくをゆるして下さると思う、とカンパネルラ。

にわかに汽車の中が明るくなった。一つの島が見え、その上に白い十字架が立っていた。ハレルヤ、ハレルヤと声が聞こえる。思わず二人も立ち上がって祈った。いつの間にかジョバンニの後ろにカトリックの尼さんがいた。汽車が止まった。みんな下りた。がらんとなった。下りようとジョバンニ。白い道を二人して行った。きれいな河原に出た。水素よりもっと透き通った水。人がいた。くるみの実が落ちていた。学者らしい人がいた。百二十万年前のくるみだ、とその人が言った。汽車に戻ると鳥を捕まえる男が乗って来た。今とって来たばかりの鷺です。鷺はおいしいんですか、とジョバンニ。ええ、毎日注文があります、と。鳥捕りは外へ出て、鷺を二十羽ばかり捕まえて車内に戻って来た。あなた方は、どちらからおいでですか、と鳥捕り。答えられなかった二人。切符を拝見します、と車掌がやって来た。ジョバンニは変わった切符を出した。天上まで行ける切符らしい。鳥捕りがいなくなった。

男の子と青年が入って来た。十二ばかりの可愛い女の子も。カンパネルラの隣の席に座らせた。青年が姉弟をいたわっていた。この子たちの両親は船の転覆で亡くなった、私は二人の家庭教師ですという。ジョバンニはそれらの人のために何かできないかと思う。汽車はだんだん川から離れて崖の上を通っていた。大きなトウモロコシの木があった。空の美しい地平線の果てまで一面に植わっていて、きらきら光っていた。停車場についた。またトウモロコシ畑があった。そして再び汽車が動き出すと、向こう岸が赤くなった。天を焦がしそう。蝎《さそり》の火だ。蝎はいっぱいの虫を殺し、ある日いたちに食べられそうになる。蝎は逃げたが、蝎はどうして黙って、いたちに自分の体をやらなかったのだろうと思う。皆のために私を使ってくださいと思う。そしてその蝎も行ってしまった。その時天の河の川下に十字架が立っていた。皆祈り始めた。十字架の真向かいで、汽車は止まった。さよならと女の子が二人に言った。ジョバンニはあと深く息をした。どこまでも一緒に行こう、ほんとうのさいわいは一体何だろうと、ジョバンニがカンパネルラに言った。きっとみんなほんとうのさいわいをさがしに行くんだと。しかしその時はもうカンパネルラはいなかった。ジョバンニは泣きだした。

ジョバンニは目を開いた。すると元の丘の草の中に疲れて眠っている自分がいた。頰には冷たい涙が流れている。ジョバンニは丘を走った。お母さんが待っている。途中女たちが七、八人集まって橋のほうを見ていた。何かあったんですかとジョバンニ。こどもが水へ落ちたんですよ。カンパネルラが川へはいったよとマルソー。ザネリが水へ落ちたのをカンパネルラが助けようとして、水に飛び込んだんだ。ザネリは助かったが、カンパネルラは見えないんだ。下流のほうに銀河が大きく映っている。カンパネルラのお父さんがもう駄目です、落ちてから四十五分経ちましたからと。どうも今晩はありがとう。そしてあなたのお父さんはもう帰っていますか、と。ジョバンニは頭を振った。どうしたのかなあ、一昨日大へん元気な便りがあったんだがと。あした放課後みなさんとうちへ遊びに来てくださいね、とカンパネルラのお父さん。ジョバンニは早くお母さんの所へ牛乳を買って、お父さんが帰ることを知らせに帰ろうと、河原を街のほうへ走った、で終わる物語である。取り留めのないような物語であるが、計算も悪意もない人間の優しい世界が描かれている。

人の不思議なやさしさが出ていて、夢を見ているような、不思議な物語である。そしてその底には、人間への深い愛がある。優しいこの物語を読み、子供たちは夢中になってしまうのではないか。そして大人もそうありたい。大人もこういう世界を忘れてはいけない。いつの世にも、いつの時代にも、人間にはこういう世界があるのだ。宮沢賢治のあまりにも有名な「雨ニモマケズ」は一九三一年（昭和六）三十五歳の時、手帳に書いたものであるが、欲のない美しい善意で生きようと呼びかける賢治の、人間への深い愛が伝わってくる詩だと思う。

15 歴史小説の浪漫

「天平の甍」井上　靖

井上靖は一九〇七年（明治四〇）五月に北海道の旭川で生まれた。代々は伊豆の人であるが、父が陸軍二等軍医として旭川の軍医部に勤務していた時生まれたのである。一歳の時父の従軍に従い、伊豆へ帰った。六歳になり父母の元を離れ、祖母かのの手で育てられることになる。そのため母とは疎遠な間柄であったようだ。十四歳で静岡県立浜松中学校に入学。翌年、沼津中学に転校し、一九二六年（大正一五）三月そこを卒業している。友達に大いに影響を受けたと語っている。高等学校の受験に失敗し、一年浪人をしている。一九二七年（昭和二）金沢の第四高等学校理科甲類に入る。理科は代々医者であったため、自分も当然医者になるものと、自分も周囲もそう思っていたからだ。中学時代と違って禁欲的な生活を自分に課したが、高校生活の末期から詩を書き始めた。

そして仲間に勧められて、小説や歌や詩を読み、倉田百三や武者小路実篤の作品などを読んだ。しかしこの時のストイシズムは井上にとって重要な役割を果たしたのである。彼の作品にはストイックな人間が登場する。彼のリリシズムもまた特徴的であるが、リリシズムとストイシズムは彼の中で表裏一体となった。

一九三〇年（昭和五）九州帝国大学法文学部に入学する。この頃には文学で世に立とうという意志を持つようになった。萩原朔太郎に会ったりした。その二年後から京都帝国大学哲学科で四年を過ごす。大学卒業後、毎日新聞大阪本社に入社。二六年間の記者生活を送る。そこで文学者たちとの交流があった。部下に山崎豊子がおり、学芸面で桑原武夫に俳句の改革論、「俳句第二芸術論」を書かせたのも井上である。詩から小説へと手を染め始めた。四十二歳で「闘牛」「猟銃」を書いた。「闘牛」で第二十二回芥川賞をとる。晩生の小説家として長編、短編、歴史小説を多く書き続け、一九九一年（平成三）一月急性肺炎で死去。享年八十四。

「天平の甍」は一九五七年（昭和三二）、五十歳で中央公論社より発表。奈良時代の仏教は自誓、自戒する程度であり、自由奔放に流れていたため、唐より優れた戒師を迎えて正式の受戒制度を布くことが必要であった。大安寺の僧普《ふ》照《しょう》と興福寺の僧栄叡《ようえい》が留学僧として、戒師を連れてくる任務を負うことになった。朝廷で第九次の遣唐使を天武天皇の天平四年（七三二）遣わせたが、その中の二人として参加したのである。第九次遣唐船は必要人員と物資を積んで、難波津を発航し内海の港々に寄航し、筑紫の大津浦に到着した。普照と栄叡の乗り込んだのは全四船のなかでの第三船であった。その船には戒融《かいゆう》、玄朗《げんろう》という留学僧が乗っていた。普照たちと年齢的にも同年代の二十代半ばの若者たちである。四人は一緒に行動するようになる。最初から大津波に弄ばれて船酔いに苦しんだ。その後ようやく蘇州に漂着した。筑紫を出てから三か月経っていた。洛陽に入った。普照、栄叡、戒融、玄朗は大福先寺に入れられた。四人顔を合わせると戒師を日本に呼ぶ話になった。唐へきて十二年、四人はそれぞれ具足戒を受けた。しかしその後、戒融は出奔した。三人は長安で学ぶことになった。

　唐へきて、皆四十歳近くになっていた。長安で三人は鑑真なる高僧に会う。

彼らは戒師を鑑真に頼みたいと思った。鑑真五十五歳。誰か日本に行く者はおらぬか、いなければ私が行く、と鑑真。早くも渡日への話はまとまり、十二月下旬、大江を下った。たちまち大嵐に見舞われ、船には水が入ってきた。積荷も食べ物も全て水中へ。一八五人の乗員は再び大陸の土を踏んだ。大部分は国へ帰った。鑑真ら十七人の僧たちは、長安の阿育王寺に収容された。この頃から鑑真の渡日を阻止するものが現れた。しかし鑑真は、私の気持ちは変わらぬ、と言い切る。鑑真は六十歳になっていた。ある漆黒の闇夜に再び鑑真を乗せた船は出航した。またまた嵐となった。船は島近くに停泊した。そこで十四日間。現地人が襲ってきたので、近くの海南島へ逃げた。栄叡はひどく痩せた。それを見守る普照。海南島で一年を過ごした。栄叡が死んだ。広州で鑑真たちは一春を過ごした。これ以上高僧の鑑真を生死の分からぬ渡海の冒険に誘うことがいいのか判断がつかないとみな思う。そして鑑真は失明した。十四年ぶりに普照は以前いた大福先寺を訪ねた。二十年ぶりに第十次遣唐使の一団が日本から来ていた。普照は一行に会いに行った。仲間だった玄朗が訪ねてきた。お願いがあって来たと。女と子供が一緒だった。留学僧としてきたが、何一つ身に着けなかったと。妻と子供だけが一緒だと。故国へ帰りたいと。そういって帰って行った。これも生き方だと普照は思う。鑑真と一緒に日本へ向かう第十次遣唐船の帰りの船に乗った普照。鑑真は若々しかった。そして暗さはなかった。日本へ帰りたがっていた玄朗から渡日はやめると便りがあった。船は無事阿古奈波（沖縄）についた。普照は二十年ぶりの帰国となった。鑑真一行と共に難波に到着。途中難航を繰り返し、何と六度目での成功であった。そして第九次遣唐船で渡唐した僧の中のただ一人の帰国者が普照だった。普照たちが渡唐した時と違い、仏教界は整理され世も落ち着いていた。鑑真は唐招提寺を建立。それから日本の仏教布教に貢献することになった。

或る者が一個の甍を普照のために持ち帰っていた。唐から渤海《ぼっかい》を経て日本へ持ってきたものである。鴟尾《しび》である。確かに唐にあった鴟尾であった。今唐招提寺の金堂の両端にその鴟尾は置かれている。まさに「天平の甍」である。鑑真は唐招提寺ができて四年目に没した。七十六歳だった。日本で偉大なる信仰を伝える偉業をなした。そしてその後、普照は六十歳近くで没したと考えられている。ここでこの物語は終わる。

一大波乱と浪漫の歴史小説である。歴史小説という呼び名を用いるときには、過去の人物や事件をできる限りあるがままの形で再現しようという、作者の態度がはっきり表れている作品が多い。そしてこれも井上が厖大な資料を読んでの執筆であることがわかる。しかし史実でありながら、資料に終わらず文学作品としての詩情に大いにあふれており、また浪漫性豊かな作品になっているところに、文学作品として読み継がれてきた所以《ゆえん》があると思うのである。人間の偉大な浪漫を語ってやまない作品である。

16　罪の意識の模索

「海と毒薬」遠藤周作

遠藤周作は一九二三年（大正一二）、現在の豊島区北大塚に生まれた。父常久、母郁の次男として。少年期に伯母の家で過ごし、伯母の影響でキリスト教を受洗した。後年、カトリックを一貫して文学のテーマとする。父の転勤で、一家は一時中国の大連に暮らした。十歳の時、両親が離婚した。その後郁に連れられて帰国。大学は上智大学に入学したが、退学して慶應大学に再入学している。大学在学中から「三田文学」に、評論を載せている。また「三田文学」の同人となり、原民喜、山本健吉、堀田《ほった》善衛《よしえ》らと知遇を得ている。彼は一九五〇年（昭和二五）フランスのカトリック文学を学ぶため、戦後のフランスへ留学した。しかしパリ滞在中肺結核になり、吐血。フランスでの生活をあきらめて帰国。体調を整えながら、批評家の道を踏み出す。その後小説家となる。一九五五年

（昭和三〇）、三十三歳の時「白い人」で第三十三回芥川賞を受賞。その後文壇に登場した戦後派作家の新人たちを第三の新人と呼んだが、彼もその一人だった。小説、随筆、文芸評論、戯曲など多くの作品を残して、一九九六年（平成八）没す。享年七十三。

「海と毒薬」は、一九五七年（昭和三二）三十五歳の時に書いた。これは第二次世界大戦が終わろうとしていた昭和二〇年五月から六月にかけて日本の捕虜になった、B29のアメリカ兵搭乗員数名を、九州帝国大学医学部の一部において、医学上の実験材料にして生体解剖した事件をもとにして書いたものである。実際には中心となった人物は裁判中に自裁《じさい》したという。生体解剖という、軍の命令にしてもその非人道性を思えば、大学の医学部の教授として拒めば拒めなかったはずはないと考えられる。従って当時の日本人に、これが、人道上許されるべきではないという罪意識が希薄だったのではないかと考えられる。そう思ってこの作品を読むと、人間の罪意識というものを、真摯に探ろうとした作者の問題意識が強く伝わって来る。そこにこの作品の深さがあると思うのである。そのために大いなる虚構をこころみたと思われる。

東京に住む男が、気胸を入れるため病院を探すが、あまり感心しない医師にかかることになった。その後その男は義妹の結婚式に出るために九州に行く。何とこれからかかる東京の医師がそこのF大学の卒業生であるのを知り、式場で隣にいた医師にその医者勝呂という人間を知っていますかと聞いた。するとその医師は、例の事件の人だと言ったのである。

話は勝呂の若き医学生時代のこととなる。勝呂はある「おばはん」の手術のための検査をすることになった。病室では医者たちの権力争いが激しかった。「おばはん」の手術もその権力争いにかかわっていた。「あの病人は絶対死なせてはならない」と、自分の椅子を守るためだけに主張している医師がいた。しかし勝呂は手術が失敗しても、どうせいくばくもない命なのだと思う。そんな中、勝呂はアメリカ兵の捕虜を生体実験するという仕事に参加してもらいたいという深刻な相談をかけられる。奴らは無差別爆撃をした連中だ、どこで死んでも同じだと勝呂は思い、断らなかった。俺一人ではどうにもならない世の中だと思う勝呂。

生体実験で調べることは、第一に血液に生理的食塩水を注入して、その死亡までの時間を計ること。第二に血管に空気を注入し、その死亡までの空気の量を計ること。第三に肺を切除し、その死亡までの気管支断端の限界を計ることであった。橋本教授と権藤教授の勢力争いが熾烈になって来た。橋本教授の妻であるヒルダさんが病室に来て色々手伝う。また橋本教授に好意を持つ看護婦もいるのである。

当日になった。手術室にはそこでの役割を持つ人間たちがいる。捕虜は来たかと言う声。今到着したと言う声がかかる。俺たちは人間を殺そうとしているのだと勝呂。手術着を着る。名目上診察をし、麻酔をして捕虜は落ち着き始めた。やがて病室は緊張する。「メス」、「ガーゼ」、「メス」。捕虜の生体解剖が始まる。その時「俺は何もしていない」と勝呂は思う。しかし「お前は何もしないがそこにいる」と自問自答する。これで何千人の結核患者が助かるのだ、考え方一つだ、皆この立場に立ったら同じことをするのだ、と勝呂が思う。「捕虜の左肺は全部取り、唯今、右肺の上葉を切断中です。」助手の一人の声がキンキンと響いた。「三十……二十五……二十……十五……十……終りです。」事務的に助手はこちらを向いて報告する。「四時二十八分です」と言い切る。静まり返る病室。
屋上の闇の中で、煙草の火口《ほくち》が赤くともっている。「勝呂か」と今同室した戸田が尋ねた。「ああ」と勝呂が答える。「明日はまた、回診か」と戸田。「ああ、しんど。ほんまに今日はしんどかったなあ」の声を残して、戸田は下へ降りて行った。勝呂は一人たたずみ続けるのである。物語は、ここで終わる。

これは事実をもとにはしているが、全くの創作であると考えられる。実際はここで書かれているほど良心が働いたのであろうか。働いていたらあの実験は行われていなかったのではないかと思うのである。戦争中での人間性の混濁ゆえか。それとも人間とはそんなものか。読んでいて苦しい模索を強いられる。そして作者の持つ深い善意を求める気持ちが伝わって来る。クリスチャンだった作者の、罪意識の模索が伝わってくるのである。私はクリスチャンではないが、善意で生きようとするのが、宗教家の生き方ではないだろうか。実際に行われた捕虜の生体解剖実験を題材に、そこにこもる人間の真実を深く探ろうとした、その誠意に心動かされる読者も多いのではないだろうか。人間の本質たるもの善でありたいが、たとえ悪であれ、その悪を改めようとするのもまた人間であると思いたい。そしてクリスチャンとしての思索が深く深く伝わってくる作品だと思うのである。

17　胸に迫る一人一人の生きざま

「楡家の人びと」北　杜夫

北杜夫は一九二七年（昭和二）東京生まれ。本名は斎藤宗吉。父は歌人の斎藤茂吉。小説家、エッセイスト、精神科医師。旧松本高校（現信州大）時代に、トーマス・マンに熱中し、東北大学医学部在学中に同人誌「文芸首都」の同人となった。一九五八年（昭和三三）から翌年にかけて船医として水産庁調査船に乗船し、その経験を書いた「どくとるマンボウ航海記」がベストセラーになり、一躍有名になった。一九六〇年（昭和三五）第四十三回芥川賞受賞作「夜と霧の隅で」を書いた。四十歳ごろから躁鬱病にかかり、症状をエッセイなどでユーモラスに描いたりした。多くの小説、エッセイ、児童文学も話題作となり、二〇一一年（平成二三）腸閉塞のため、東京都内の病院で死去。享年八十四。

「楡家の人びと」は一九六四年（昭和三九）三十七歳で完結した長編である。精神科楡病院の医者、家族、そこで働く人たちの明治、大正、昭和三代にわたる物語である。院長は楡基一郎。山形県の村の零落した庄屋の子であったが、いつの間にか医師の資格を取り、そして病院を建てた。病院はどんどん大きくなっていった。基一郎は患者を信頼させ、また治りも早いのである。大風呂敷を広げもする不思議な医者である。しかし評判は良かった。そして病院を次々に大きくしていった。院長夫人はひさ。ひさも病院を支えた。長男欧洲《おうしゅう》、次男米国《よねくに》。長女龍子《りゅうこ》、次女聖子、三女桃子。龍子の夫徹吉は養子である。医学を学問的に研究している徹吉の優れたことを基一郎は見極めて、長男の欧洲より彼を次の院長にしようと、龍子を嫁にやった。もう一人の養子辰次は、体が大きく本人は医者になるというのだが、皆相撲取りになるのがいいと思っている。そして出羽の海部屋に入った。次女聖子は基一郎の決めた婚約者がいたが、家族の知らない英語教師を愛して、家を出て結婚した。家で一番美人の評判があった娘である。しかしあまり幸せとは言えぬまま早逝してしまう。三女桃子は勉強嫌いで、大学入試ではどこにも合格できず、やっと実践に合格して通うようになった。自由気ままな末っ子である。

大正一二年大地震に見舞われた楡病院。病院は生き残ったが、基一郎はほうけてしまった。龍子と徹吉に長男峻一が生まれる。長女藍子、次男の周二も生まれる。大正一五年基一郎が没した。徹吉が院長になる。しかし徹吉は部屋にこもって精神医学の研究ばかりしている。昭和八年ヒットラーがドイツの政権を握った。研究ばかりして医者として働かない徹吉に龍子は失望する。長男欧洲が大学を終え帰って来た。分院の院長になる。徹吉、龍子の関係は最悪。桃子は気の進まぬ相手と結婚させられ聡が生まれる。しかし聡を置いて行方不明になる。上海事件、五・一五事件、疑獄事件などが起こる。龍子は家を出ていった。そして分院に行った。長男欧洲は千代子という女性と結婚。神田の古い暖簾のある菓子屋の娘である。二・二六事件、盧溝橋《ろこうきょう》事件が起こる。

二十二歳大学生になった徹吉龍子の長男峻一も出兵した。その後桃子は三つ年下の男と再婚。楡脳科病院は創立五十周年を迎えた。そのころ徹吉の研究は完了した。峻一は医学部、藍子は女学校、周二と従弟の聡は中学生となっていた。慶應大学医学部に入った峻一の友達に城木達紀という若者がいた。その城木は藍子を愛するようになる。そのころアメリカとの戦いが始まり、ハワイ攻撃を行った日本。城木も空母「瑞鶴《ずいかく》」に乗った。ミッドウエイ海戦で戦闘の限りを経験させられた城木。豊後水道沖に三か月ぶりに帰って来た「瑞鶴」であった。家に帰った城木。明日帰艦の日、藍子と会った。「お死にになっちゃ、いや！」と藍子。抱きかかえる城木。しかしその後敵機の砲弾で昏倒した城木であった。そして死んだ。

千代子が楡家の長男欧洲の嫁に来て十年が経った。千代子は楡家に来て、変わった家だと思う。城木を愛したやんちゃだった藍子は暗い女学生になった。弟周二は病気を抱えて弱者として生き続けた。連合艦隊司令長官山本五十六の戦死。アッツ島玉砕。硫黄島玉砕。楡病院は経営困難となった。職員はみな出兵した。そんな時龍子は徹吉に詫びて、家に帰って来た。ベルリンの陥落、ヒットラーの自殺。ドイツの無条件降伏。五月二十五日の東京大空襲。楡病院は火の海になった。広島と長崎に新型爆弾が落とされた。八月十五日、天皇のお言葉で敗戦となる。徹吉は老いた。そして俺はもう終わったと思う。疲弊して混乱した楡病院の人びと。そしてかろうじて生き続ける、しかしそんな中、龍子は決して負けない、と胸を張るところで終わる。

登場人物にはモデルがいる。基一郎は斎藤茂吉の父紀一、茂吉は徹吉。徹吉の子供たちも茂吉の実在した子供たちである。北杜夫もその中の一人。しかし私小説ではなく、創作された部分も多いという。この作品に対する三島由紀夫のあまりにも有名な評がある。この作品の市民性を指摘して、「小説としての正当性を証明するのはこの作品の市民性に他ならない」と。また「不健全な観念性を見事に脱却した小説である」とも。日本の明治、大正、昭和の歴史的事実を繙《ひもと》きながら、楡家の人びとの生涯を描いている。楡家の人びとの生きざまがずっしりと胸に迫って来る。そして人の現実とはこんなものではないだろうか。前を向けば向いただけしっぺ返しもやって来る。人間という探り切れない深さを抱えた存在をどこまでも描こうとした長編物語である。

私は最後の、龍子が負けないと胸を張るところがこよなく好きである。人間はこういう物を持っている。一人一人の中に。そしてそこに救われて、人間の歴史は続いていく。この波乱の物語で、北杜夫が一番言いたかったのはここではないだろうか。龍子の強さがいい。長編物語、読了してほっとした。

18 小町を演じた麗子の愛憎

「小町変相」円地文子

円地文子は一九〇五年（明治三八）東京の浅草区で生まれた。父は国文学者で名のあった上田万年《かずとし》である。彼は文子が家庭婦人でない別の何かになることを、むしろ助長するように育てたという。また文子は祖母のいねの愛読した馬琴の「八犬伝」や「弓張月」を聞かせられて、江戸文学の世界に導かれた。後、谷崎潤一郎、永井荷風の愛読者となり、嗜虐的な世界に親しみ、それらに非常な愛着を感じていたという。また二人は彼女の唯美主義に大いに影響を与えたと思われる。十七歳で高等女学校を四年で退学、そのころから新劇に興味を持ち始める。二十一歳で演劇雑誌「歌舞伎」の募集に応募して入選し、それより文筆の道に進む。二十五歳、東京日日新聞記者の円地与四松と結婚。最初は戯曲作家として立ったが、後小説を書くようになる。愛憎の絡み合う女心をえぐって、妖美、艶冶《えんや》、残酷、幻怪等の作風を縦横にちりばめた作品が、円地の特徴となる。「女面」「女坂」「女の冬」等その他多作をなして一九八六年（昭和六一）八十一歳で没した。

「小町変相」は一九六五年（昭和四〇）六十歳での作である。主人公は新劇女優の後宮麗子《うしろぐれいこ》。彼女には女優としても人生においても競争相手である梅乃という女性がいる。かつて麗子に思いを寄せていた出雲路正吾という男性を、梅乃に取られたという経緯があるのである。一度は恋仲であった正吾との悲恋を思うにつけて、麗子は梅乃に恨みを持っているのだ。梅乃は女優を辞め、今は料亭「出雲」の女将をしている。正吾との間に夏彦という息子がいる。その後女優をしている麗子に言い寄った男性は多々いるが、その一人、国文学者で作家の信楽高見なる者がいる。一度麗子に振られて北海道まで逃げていったのであるが、今も思いを断ち切れていない。東京に帰って来た信楽。その後他の女性と結婚したがその妻も亡くし、妹の世話になって生活している。その信楽の国文学での弟子を梅乃の息子夏彦がしているのである。麗子は以前癌を患って、子宮をなくしている女性だ。自分もいつ死ぬかわからないと思いつつ、女優に賭けている麗子。麗子は孤独であり、舞台だけが相棒であると思う。そんな時、麗子は平安時代の歌人小野小町なる女性に出会った。いつか演じたいと思うようになる。麗子のマネージャー兼手伝いのつねも、もう一度麗子に女になってほしいと思っている。そして麗子に勧めるのである。それを知った梅乃も勧めた。そして脚本を信楽に頼もうということに意見が一致したのである。依頼するには弟子の夏彦が適任ということで、夏彦は梅乃と一緒に信楽のところへ頼みに行く。日本で三大美人の一人と伝えられている小町には多くのうわさが残っている。その一つに、薄原の中に「あなめ」「あなめ」と人声がするので僧が立ち寄ってみると、髑髏《どくろ》があってその目から薄が生えていた。抜き取って見ると小町の髑髏だったというのである。そして薄を抜き取ってくれた僧を髑髏になった小町が改めて誘惑しようとしたと。そんな話を聞きながら、麗子は演じたいと思いつめる。

夏彦と梅乃の依頼に、信楽は書いてみようと返事をした。信楽の弟子の夏彦が信楽と麗子との間の連絡係になった。麗子は夏彦に会うたびに、悲しく別れそしてもう死んでいる夏彦の父を思い出す。夏彦も父似の素敵な男である。夏彦は自分の父と麗子が愛し合っていたことを知っているのだ。心揺れる麗子。あなたのお母さんに正吾さんをとられたのよと麗子が言う。そして私を女にしてくれる？　と。夏彦は逃れようとしつつも、ついに麗子の体を抱きかかえて、ベッドの部屋へ行った。麗子は部屋に鍵をかけ、服を脱いだ。

信楽は夏彦にストリップに連れて行けとか、日光の滝を見に行きたいとか、怪しいことを言う。そして日光で転んで足を折ってしまった。入院しつつも脚本は少しずつ書いているらしいと夏彦は思う。信楽は夏彦と麗子の関係を知ったらしい。梅乃は二人の間を心配して、夏彦をカリフォルニアに留学させようとことを運ぶ。「出雲」で会った麗子と信楽。会った後信楽は無口になった。信楽は今も麗子の性を求めている。遂げられない愛を。そして今も麗子は肉体で結ばれる女なのかとも思う。信楽は芝居では自分の美しすぎる容貌と才能が邪魔になって、男に許す気になれない小町を書こうと思っている。そしてついに書き上げた。しかし彼は幕の上がるのを待つことなく逝ってしまった。夏彦はカリフォルニアに発った。一人残された麗子は老衰に打ち勝つように小町を演じるのであった。ここで終わる物語である。

世に男と女の愛を描いた物語はごまんとあるだろう。そしてたった二人の間に起こるドラマでありながら、千変万化の物語になるのだ。現実もまたしかり。私がこの物語で一番心惹かれたのは、父の愛した女と知って、心惹かれていく夏彦とその女麗子との間のやり取りである。夏彦の若さで大人の世界にまだ疎い、未熟さと甘さが実によく描かれている。そこに不思議な愛の世界が立ち上がっている。熟している男なら起こらない愛のやり取りではないか。しかし思うに、作者は未熟さをとったが、そこにこの物語の面白さがある。

それからもう一つ、小野小町と麗子の重ね具合がいいと思う。日本で最高の美女であったと言い伝えられている、しかも才能も優れていたともいわれている小町。その小町を現代に生きる新しい女性とはいえ恋人をとられてひがみながら生きている女性と重ね合わせたところが面白さを作り、成功しているのではないだろうか。旧と新の味わいがうまく響きあっている。男と女はいつの時代でも男と女である。女が心底男を愛すること、肉体的にも精神的にも一人の人間の女として男を愛するということの美しさもあり醜さもある愛を深く描き切っている。

吉田精一は「彼女は優れた頭脳と、知性的な自己凝視とを持ち、（…略…）作家としての彼女は、男女の区別をこえて現代の第一流であると思う、その佳品は永井荷風、谷崎潤一郎などの塁《るい》を摩《ま》して、古典的節度と浪漫的妖美の調和のとれたあやしくも美しい世界を現出している」と評している。上田万年を父にもつ知性深き家庭に育ち、狭量《きょうりょう》な常識にとらわれない自由さの中で生きただろう円地文子を思ってやまない。

19 波瀾万丈の青春

「青春の門」五木寛之

五木寛之氏は一九三二年（昭和七）福岡県生まれ。父の関係で朝鮮に行き、少年期に朝鮮から引き揚げてきた。成長して早稲田大学露文科に入学するが中退。その後作詞家を経て、「さらばモスクワ愚連隊」で作家デビュー。「蒼ざめた馬を見よ」で第五十六回直木賞受賞。一九七六年（昭和五一）「青春の門」で第十回吉川英治文学賞を受賞。他に「朱鷺の墓」「戒厳令の夜」などの小説を多作し、「大河の一滴」「孤独のすすめ」他のエッセイも書いている。五木寛之氏は大衆作家として受け入れられており、この「青春の門」もその代表である吉川英治賞を受賞した作品である。小説という分野には、大衆小説と純文学という分野があると言われているが、この「青春の門」はその両方の内容を持つものと言えると思う。

主人公は伊吹信介。信介に大きな影響を与えた父は重蔵。実母は産後死んでしまった。タエという継母に育てられた。タエはカフェの女をしていた。タエを取り合ってやくざの塙竜五郎と争った父重蔵。しかし重蔵は、落盤事故にあった竜五郎を助けるために命を落とす。タエと信介を頼むと言い残して。それから信介は成長しながら竜五郎に助けられていく。信介には幼なじみの牧織江という女友達がいる。ある日その織江と遊んでいて、彼女の性器をいたずらした信介。自分を責めて、信介はもう家には帰れないと思って山へ登って行った。夜になった。タエが迎えに来た。

中学生になった信介。自慰がやめられず深く悩む信介であった。野球部に入った信介は、顧問の早竹先生に悩みを訴える。そして気にすることはないと先生に言われる。織江とはちょっと遠ざかる。新任の音楽教師、梓旗江に魅力を感じる信介。私は好きな男性がいるの。でも彼には奥さんも子供もいるの、と言って信介の前で泣く梓先生。俺はこの先生が好きだと体が燃える信介。タエが結核で死んだ。そしてその継母のタエも女として好きだったと思う信介なのである。

筑豊を出て東京に来た。早稲田大学に入った信介。緒方という学友と同じ下宿に住むことになる。夜の街へ彼を連れていく緒方。金がない信介は、売血で金を稼ぐことを知る。そして血を売って暮らした。新宿歓楽街に通い始め、その女カオルと親しくなる。大学ではボクシング部の石井講師にボクシングの手ほどきをしてもらう。防御法を身に付けた。織江のことを信介から聞いた緒方が、織江を探して下宿に連れてきた。久しぶりで会った二人は、映画を見て公園で夜を明かした。そんな折、親しんでいたカオルとボクシング部の石井講師が心中事件を起こした。しかし未遂で終わった。信介は大学を休んで、緒方たちと学生運動をしながら北海道へ行く。北海道に行った織江と会えるかもしれないと思う信介。緒方は革新的な世直しの演説をぶちまける。そんな中織江と会えた信介。彼女はすっかり変わっていた。織江と交わる。一緒に東京に行くと言う織江。歌手になるのだと。東京へ帰った信介は、大学へ戻る。世話になった塙竜五郎が筑豊でけがをして死にそうだと聞いた。そして恩人の竜五郎は死んでしまった。

織江は小さなレコード会社に入った。信介に私のマネージャーになってほしいと。信介は大学を辞めてマネージャーの仕事をするのもいいかと思う。そして織江と男と女でなく、同志として二人で生きるのもと。折も折、高級住宅街に住む会社社長の林三郎という男性の家の書生になる信介。そこで車の運転をする。そこのお嬢さんみどりが信介を慕うようになる。なんと織江が二人のことを知り、嫉妬するのである。信介もみどりに惹かれる。織江は何とか歌で成功したいと思う。そしてかつて世を騒がせた詩人宇崎という老人に、作詞を頼むことにした。宇崎の歌でショーをやった織江。

石井が病気で死んだ。石井の葬式に行く信介。ボクシングを手ほどきされ、防御法を教わったこの人のおかげで今日の自分があるのだと信介は思うのである。またカオルは大きな穴が開いたような、一方とても自由になったようなと語る。家に帰ると林家のみどりから手紙が来ていた。会いたいと。あの家の温室にはいられない。自分を立て直すために家を出ると。しかし信介はみどりと会って、はっきりと拒絶した。そしてみどりは泣く泣く帰って行った。その夜緒方から電話が入る。カオルさんがいなくなってしまったと。信介はしみじみ思う、俺の帰る場所はどこなんだと。そしてここで終わる物語である。しかし未完ということである。

織江、カオル、梓先生、タエ、夜の街の女たち。これらの女性たちを知り、その時々で体の交わりもなした信介。彼女たちによって、性に目覚め愛の遍歴を重ね、男として苦しい成長をしていく。若さゆえの一途さと迷いと挫折の道を深く深く彷徨し続ける信介であった。青春という人生の入口の門をくぐっていく信介。生きるとは何なのか。これでいいのか。何度も何度も自問自答しながら。そして最後まで答えは出てこない。それは読者それぞれが、それぞれの答えを出すものであろうと作者は言っているのだ。人は迷い迷いつつ生きる。そして出たところが答えであろう。

これが青春である、と作者は言う。しかし人間にはこの後にはもっと長く不可思議な人生が続くのである。まさに生きるとは何なのであろうか。与えられた個性と運命。人はその道をそれぞれ歩いて行くのである。そして出たところがその人の人生であろう。なにもわからず、初めての道に向かって行くのが青春である。波瀾万丈は当たり前である。混迷の中をきりぬけてきた信介の青春。これも在りかと思う。生きるとは何ぞやに尽きる物語である。それにつけても平穏だった自分の青春を思うのである。しかし背後には実はそういう深い意味のある道を歩いていたのだと改めて思う。この大長編小説で綿々と語られてもそれでも書ききれない深い深い青春。意味深い青春を思わせられた。

20　非日常を生きる若者たち

「限りなく透明に近いブルー」村上　龍

村上龍氏。本名は龍之助。一九五二年（昭和二七）長崎県佐世保市に生まれた。武蔵野美術大学中退。高校時代からバンド活動をし、新聞部でエッセイを書いた。大学中退後、作家デビューし、その後小説家、映画監督、脚本家として活躍。「限りなく透明に近いブルー」は一九七六年（昭和五一）、二十四歳の時に書いた作品で、同年第七十五回芥川賞を受賞している。

福生《ふっさ》の米軍基地に近いいわゆるハウスを舞台に、若者の繰り広げる麻薬とセックスの宴を書いたものである。リリーとリュウ、ケイとヨシヤマ、レイ子とオキナワのカップル。他にモコ、カズオが登場する。リリーの店でリリーは薬を注射した。リュウも打つ？　とリリーが聞く。今日はいい、とリュウ。リリーは彼女の店の女が病気と言って店を休み、リュウと一緒だったということを聞く。店を辞めさせようかとリリーは思う。レイ子は父親がいるハワイに行きたいと言うので、オキナワは金貯めて行かせてやりたいと思う。でもあいつ何考えているかわからんとオキナワ。ヨシヤマは吐きに外へ出ていった。レイ子は寝る。リュウは殺したくなるんだろう？　抱くよりは、とオキナワに言う。ケイは濡れたコスモスに欲情して激しく体を震わせる。誰かあたいとやってよ、早くやってよと、英語で叫ぶケイ。部屋は悲鳴とかん高い笑い声に包まれる。部屋のあちこちで体をくねらせる三人の女を見ながら、リュウはペパミントを飲み、蜂蜜を塗ったクラッカーを食べる。

昨日の夜セックスの後、リリーは白い喉を鳴らして、また注射を打った。肛門に貼り付けられたバンドエイドをそっと剝いでも、モコは目を覚まさなかった。レイ子は台所の床に毛布にくるまって転がり、ベッドの上にケイとヨシヤマ。カズオはニコスコートをしっかり握ったままステレオの側。モコは絨毯に枕を抱えて臥せっている。剝したバンドエイドにはうっすらと血がついていた。ゴムのチューブのようなモコの引き傷は呼吸に合わせて開いたり、閉じたりする。レイ子は帰りたいなと言う。ヨシヤマがそうなんやこれからの沖縄は最高やからなとレイ子の独り言に相槌を打つ。大嫌いよリュウのヘンタイ野郎！　モコがリュウを見て言う。みんなもう出て行ってよ。レイ子の店なのよと叫ぶレイ子。

ねえリュウあたしを殺してよ、何か変なのよとリリー。三人の警察官が部屋に来た。「お前らここで何やってんだ?」と。ケイとレイ子が寝ている。リュウの腕をつかんで注射のあとを調べる。部屋でほとんど裸に近い恰好をしていたみんなが、急いで服を着る。ケイはパンティ一枚のまま口をとがらせて警察官を見ている。「何かあったんですか?」とリュウ。「何かあったって、お前よく言うよ、いいか?　人前でなあ、尻なんか出すとダメなんだよ、わかんないかも知れないけどなあ、犬とは違うんだよ。お前らも家族いるんだろ?　そんな格好して何も言われないのか?　知ってるぞ、お前ら平気で相手を取り換えてやるんだってな。おいお前、お前なんか自分のオヤジとでもやるんじゃねえのか?」結局最年長のヨシヤマが始末書を出して、警察は帰って行った。「いやあハシシようばれんかったなあ、リュウ。あいつらの目の前にあったのにな あ」ヨシヤマが言った。

あるフェスティバルの会場に行った彼ら。会場に入るとステージには青いラメのジャンプスーツを着た女が、ミーアンドボギーマギーを歌っている。様々な色の口紅が、マニキュアが、アイシャドウが、髪の毛が、頬紅が、音に合わせて揺れ、巨大な一つのざわめきを作る。モコがほとんど全裸で踊っている。カメラマンがシャッターを押す。

またある日、レイ子の店でオキナワが「リュウ、お前フルート練習してる?」と。「やってないなあ」とリュウ。「だってこれから音楽でやっていくんだろ」と。「そんなこと決めてないよ、とにかく今何もしたくないんだ、やる気みたいのがないからなあ。俺はただだなあ、今からっぽなんだよ」「お前な、フルートやれよ、ヨシヤマみたいなアホとつき合わないでちゃんとやってみろよ、ほらいつか俺の誕生日に吹いてくれただろ。あの時うれしかったよ。うらやましかったよ、あんな気分にさせるお前がさ」とオキナワ。そしてここで終わる物語である。

延々と繰り広げられる若者のスキャンダラスな日々。こんな若者たちの世界もあるのだと一瞬戸惑いを感じさせる作品だ。しかしそのあと読者は現実に戻る。人間はここまで無知ではないと知る。この中には人間に流れている血が温かいということ、人間だけが持つ知性というものの高さが書かれていない。というより、そういう非日常の世界を描いたものであると気づく。そして作者自身の次の言葉もある。

（リュウは）湿ったベンチに震えながらしがみついて自分に言い聞かせた。いいかよく見ろ、まだ世界は俺の下にあるじゃないか。この地面の上に俺はいて、同じ地面の上には木や草や砂糖を巣へ運ぶ蟻や、転がるボールを追う女の子や、駆けていく子犬がいる。この地面は無数の家々と山と河と海を経て、あらゆる場所に通じている。その上に俺はいる。恐がるな世界はまだ俺の下にあるんだぞ。

この文中に、ここでの若者の世界が、現実に人間の生きている世界の下にしか存在していないことを語っている。

最後に日常という現実世界に癒される主人公がいる。この作品の面白さは、人間の常識から野放図《のほうず》に解放されたいという若者の世界が描かれているところであろう。しかしそうでありながら、そこには若者の必死さというものがある。

あんな非日常の世界に落ちながら、それでも必死に生きていこうとする若さがある。人間とはそういうものであろう。福生の米軍キャンプにたむろした若者たちの無鉄砲な日々の中で自覚させられた、生きるということの途轍もない力であろう。そして時代が変わろうが、場所が違おうが、若いとはそういうものであろうと思わせられた作品である。

21　善意の成せる仕事

「舟を編む」三浦しをん

三浦しをん氏。一九七六年（昭和五一）、東京生まれ。二〇〇〇年（平成一二）「格闘する者に○」でデビュー。二〇〇六年（平成一八）「まほろ駅前多田便利軒」で直木賞受賞。二〇一二年（平成二四）三十六歳の時「舟を編む」で本屋大賞を受賞。他に小説「私が語りはじめた彼は」「風が強く吹いている」その他がある。エッセイ集に「お友だちからお願いします」等。

この「舟を編む」はある出版社の編集部で、国語辞典を出すまでの物語である。出版社玄武書房の編集者荒木公平は、『大渡海《だいとかい》』なるあたらしい辞書を作るために、社員の中から編集に携わる若者を選ぶことになった。先ず「まじめ」というあだ名で呼ばれている若者に会った。「まじめですが」と自ら名乗る。そして名刺を渡された。なんと「馬締光也」とあった。「まじめ」は本名だったのである。和歌山の馬の元締めの出だと。荒木は馬締に「しま」を説明しろと言われたらどうする？　と聞いた。アイランドの島だと。馬締は「『まわりを水に囲まれ、あるいは水に隔てられた、比較的小さな陸地』と言うのがいいかな。いやいや、それでもたりない。『ヤクザの縄張り』の意味を含んでいないもんな。『まわりから区別された土地』と言えばどうだろう」と。これはなかなか話せるかもしれないぞと馬締を改めて見直す。結局『大渡海』は荒木、西岡という者、馬締、女性の佐々木でやることになった。そして大学教授の松本先生に指導を仰ぎつつ。馬締は元営業部員。変わったやつで通っている人間だ。下宿は全部部屋を借り切り、本を置いている。タケおばあさんが下宿の宿主で、それを許している。荒木は途中定年退職になるはずだが、最後まで、編集に参加し続けるつもりだ。タケおばあさんには孫の、林香具矢がいるが、時々面倒を見に来ている。そしてある日、香具矢がタケおばあさんのところに引っ越してきた。彼女は湯島にある「梅の実」の板前なのである。馬締は美しい香具矢に一目ぼれしてしまった。同僚を連れて、「梅の実」に通い始める。馬締は真剣に香具矢と交際したいと思うようになった。そして香具矢を後楽園に誘った。しかし馬締は二人で行ってもほとんどまともにしゃべれなかった。「香具矢さんは退屈したのではないかと思います」とタケおばあさんに言う。タケおばあさんは「あの子はさ、ちょっと臆病なんだよ」とため息をついた。「まえの男と別れてからだね。「結婚しよう」と言われたのに、「板前の修業をつづけたいから」って、海外赴任に同行するのを断っちゃったらしいんだ。タケおばあさんは馬締に、あんたみたいな人が香具矢には合うと思うと言う。馬締は下宿で香具矢に恋文を渡した。行書体の不思議な手紙を読んで、香具矢は戸惑う。夜、香具矢が帰って来て「お返事をいただきたいんです」と馬締が言う。「好きです」と馬締。「手紙、真面目過ぎてよくわからなかったです」と。次の日、西岡と昼食をして「香具矢ちゃんとはどんな感じなんだ」と西岡に聞かれる。「おかげさまで」と馬締。西岡は「よかったな」と。

西岡は異動になった。そこで『大渡海』は、ほとんど馬締一人の手になることになった。しかし定年になった荒木も異動した西岡も、手伝いに来てくれている。そしてもう一人、岸辺という女性が他部から編集部に加わった。一心に『大渡海』の編集に打ち込む馬締。どうしてあそこまでやれるのかと荒木も西岡も首をかしげる。馬締は香具矢と結婚した。そして『大渡海』に取り組んでから十三年が経っていた。ほとんど出来上がりそうになっていた。こんどは『大渡海』用の用紙を手掛ける製紙会社の宮本とのやり取り。宮本という男がいよいよ用紙の完成品を持ってきた。辞書にふさわしい透き通るような、しかも滑らかさのある紙になっていた。宮本も本気でかかった。ところが最後になって、「血潮、血汐」の項が抜けていたのに気づく。全員真っ青。一か月合宿して、手当てをすることになった。その間、松本先生は癌で入院した。馬締はどんなに少しずつでも進み続ければ、いつかは光が見えると信じている。

ついに印刷所の輪転機が稼働し、『大渡海』のページが刷り出された。九折り三十二ページの第一刷を松本先生のところへ、荒木と馬締が届けに行った。しかし松本先生はすでに亡くなっていた。享年七十八。馬締は家に帰り、香具矢の前で思いっきり泣いた。次の日『大渡海』の完成パーティとなった。出席者は百人を超えていた。完成までに何と十五年がかかっていた。広く深い言葉の海に漕ぎ出し、いつまでもこの舟に乗り続けたいと思って編集を続けてきた馬締だった。「俺たちは舟を編んだ。太古から未来へと綿々とつながるひとの魂を乗せ、豊穣なる言葉の大海をゆく舟を」と馬締に言わせて終わっている。

ついに舟を編んだ人たち。非常に魅力あり、感動もさせる作品である。そして悪意というもののない全く善意の世界である。文章は説明が多く、エンタメ的作品であるが、しかし一方十分詩情もあり、人間の本質も伝わってくる純文学的内容をも思わせる。一つのことに打ち込む人々の真摯さが心を打つ。際限のない言葉の深く広い世界を思う。また特に指摘しなければならないのは、登場人物たちの個性がまことに細やかに、具体的に描かれているということである。その点が十分楽しめる作品にしている。たとえば馬締の弱くて頼りない性格、果たしてこの人物が、この仕事をやり遂げる日が来るのかと思わせられる頼りなさ。それでいながら目的に向かって真摯に進んでいく男として描けている。そんな人物たちが成し遂げたからこそ偉大な物語になったのである。

彼らを愛とユーモアで描き、それはこの世に生きる人間の魅力とも思わせてくれる。そして人間の欠点はとりもなおさず長所なのだと思わせてくれる温かさがあり、優しさがある作品である。偉大な辞書『大渡海』はそういう馬締光也らが成し遂げたものであった。

22 本物の漫才師

「火花」又吉直樹

又吉直樹氏は一九八〇年（昭和五五）、大阪府寝屋川市生まれ。お笑い芸人、俳優、小説家として活躍中。「火花」は、二〇一五年（平成二七）第一五三回芥川賞を受賞。他に著書は、エッセイ「東京百景」、小説「人間」等がある。そして書いたばかりの「月と散文」がある。

「火花」は、お笑い芸人の徳永である僕が主人公の物語である。花火大会の夜、会場の台に立ちお笑いをした僕は、うまく行かず落ち込んでいた。ところが、僕たち「スパークス」の次に出たお笑い「あほんだら」の二人組の一人に、僕は心打たれてすぐに弟子入りを願い、弟子にしてもらったのである。その人は神谷さんという。日常の行動は全て漫才のためと言う神谷さん。「本当の漫才師というのは、極端な話、野菜を売ってても漫才師やねん」と。僕達「スパークス」はオーディションを受けながら、少しずつ名前が出るようになった。神谷さんの芸人的センスは、不安になるほど突出していた。その半面、人間関係の不器用さも際立っていた。神谷さんは、「美しい世界を、鮮やかな世界をいかに台なしにするかが肝心なんや」と言う。そうすれば、おのずと現実を超越した圧倒的に美しい世界があらわれると。神谷さんと僕は吉祥寺をほぼ毎日彷徨った。帰るころには終電車はない。「お前、もう酔うてるから俺の家来い」と神谷さん。かなり歩かせられて、すっかり朝になっていた。「ここや」と言って、想像したより品のあるアパートを指した。中に女の人がいた。真樹さんという。神谷さん、真樹さんのところへ転がり込んだのだろうと、僕は思う。こまごまと働く真樹さん。僕は日常は相方とネタ合わせの明け暮れだが、収入にはならない。何とか深夜バイトで生活費を稼ぎ、それ以外の夜は神谷さんと飲んだ。月に数度の劇場の仕事だけが生き甲斐だった。井の頭公園のベンチで、神谷さんと座っていると、隣のベンチにベビーカーを押した母親が座った。赤子は獣のように大きな声で泣いている。神谷さんは赤子に向かって「尼さんの右目に止まる蠅二匹」と川柳を語った。どうしても泣き止まない赤子。僕も

「いないいないばあ」をやった。誰が相手であってもやり方を変えない神谷さん。

神谷さんと久しぶりに会った。神谷さんは冴えない顔で「真樹の家に俺の荷物取りに行きたいからついて来て欲しい」と言う。「男出来てん」と。仲良しに見えたが。「徳永、なんでお前が泣いてんねん?」と神谷さん。つらいと感じることは、こんなにもつらいことだったのだ。ある日、神谷さんの相方の大林さんから連絡があり会った。「神谷、もう首まわらんくらい借金でかなってんねん」と。神谷さん、真樹さんと別れてから駄目になった。「このままやったら漫才出来ひんようなってまうんちゃうかなと思う」と。

僕は最近ようやく漫才だけで食べていけるようになった。家賃三万三千円の風呂なしアパートから、下北沢の十一万円のマンションに移った。神谷さんは真正のあほんだらである。無駄なものを一切背負わない。そんな生きざまに憧れて、憧れて生きている人。僕も神谷さんのように、不純物の混ざらない純正の面白いでありたかったのだ。しかし現実に生きる僕は、自分の人生のために神谷さんを全力で否定しなければならなくなった。だが、神谷さんとの濃密な日々があって、僕は今まで漫才師でいられたのだと強く思った。計算せずに自分らしく生きること、を学んだ日々だった。

僕は漫才師を辞め、下北沢の不動産屋で働くことになった。一人で飲んでいると、神谷さんらしい人からメールが入った。僕は会いに行った。「神谷さん、一年も何してたんですか？」と僕。借金取りの怖さを話す神谷さん。神谷さんはセーターを脱いだ。胸に巨乳と言えるほどの乳房があった。「どうせなら、大きい方が面白いと思って。シリコンめっちゃ入れてん」と。僕は束の間、世間を本気で呪った。頬に垂れる涙を、最早僕は拭わなかった。二人は宿の露天風呂に入った。全裸のまま、湯から垂直に何度も飛び跳ね、美しい乳房を揺らし続けている神谷さん。物語はここで終わる。

神谷さんは全身全霊で生きている。そして全身全霊で漫才をしている。人というものは、心底ではそういう生き方に憧れるのではないか。しかし悲しすぎる。抓《つね》れば痛むからだを持つのもまた人間である。世間から学び、理不尽と思えることからも学んで生きていくのだ。汚れもする。この作品が面白く迫ってくるのは、ひとえに神谷さんの生き方にあるだろう。美しい魚が、透き通る深海を自由に泳いできたような感動がある。

人は何を目指して生きるのか。全く日常の世界に生きるのか。それとも神谷さんのように、理想の世界に生きるのか。神谷さんはこうあるはずだという、お笑いの理想の世界をもっていた。そしてそこに生きていた。主人公の僕は、一度神谷さんを思い追いかけたが、つらすぎて、日常の世界に落ちてしまったのである。大抵の人は日常に生きている。理想に憧れながら。神谷さんはどんな赤ん坊の前でもお笑いをする。そんな純粋な世界に生きる神谷さんに心惹かれ、近づいた僕。しかし家賃も払わなければならない。生活もある。巨乳を入れて人を笑わせようとする神谷さん。それもわかる。純粋なお笑いの世界、美しい世界がそこにある。人はそんな世界を一度は夢見るのではないか。そして現実に引き戻される。又吉氏は人間にとって一番大事なものは何かを問い、そして答えようとした。そこには人間の美しさを見ようとするやさしさがある。そして夢を見続ける神谷さん。それもいい。夢を見続けよう、作者の声が聞こえてくるようだ。

又吉氏の近作、「月と散文」というエッセイがある。その「はじめ」の文に、何をしても恥ずかしい、と自分を語っている。そして自分というものも、他人というものも恥ずかしいのだとある。してみれば、人間が生きていること自体が恥ずかしいということだろう。又吉氏のそういう無邪気な感性が私は好きだ。人間を温かく見つめている。「火花」も、そういう美しさ、悲しさにあふれている作品だ。

23　家族とは何か

「荒地の家族」佐藤厚志

「荒地の家族」は二〇二三年三月の第一六八回芥川賞受賞作である。作者は佐藤厚志氏、一九八二年（昭和五七）生まれ。「蛇沼」で第四十九回新潮新人賞を受賞してデビュー。「象の皮膚」は三島由紀夫賞候補となる。現在仙台市在住。書店員をしながらの作家活動である。「少しでも癒しを感じてくれたら」と思って小説を書いているとの、本人の言がある。また「生きることそれ自体に苦しさがある」と。そして自分自身の小説に癒しを求めてきたと。小説は二十五歳の頃から書き始める。そして大江健三郎に影響を受けた。書店員は今後も続けていく、書店は世の中の縮図であると。とてもリッチな人から、家のない人まで、色々な人が来るところだと。

主人公、坂井祐治。祐治の父親である孝は道路工事用のコンクリートを製造販売する会社に勤めていたが、食道がんの療養中に肺炎で亡くなった。父の死後、祐治は造園業のひとり親方として独立した。父の元部下篠原六郎は祐治を気遣い、仕事を紹介してくれる。そして今、六郎の家の庭の手入れをしている。六郎には、明夫という息子がいる。明夫と祐治は同じ年で、同じ小学校、同じ中学校に通っていた。二十歳まで付き合ったが、その後疎遠になった。今は群馬の自動車工場で働いているらしい。

ひとり親方でどんな仕事も引き受けている祐治は、その後駐車場の白線引きの仕事をした。この仕事は祐治のもう一人の同級生だった、役場勤めの河原木が持ち込んでくれた。東北地震から十年以上が経た。あの時、底が抜けたように大地が上下左右に轟音を立てて動き、海が膨張して景色が一変した。生と死。この世とあの世の境目だった。そんな中で祐治はその二年後、妻の晴海をインフルエンザで亡くした。一人息子の啓太を残して。それから六年たったころ、河原木に知加子を紹介されたのである。百貨店の広報室長だった女性。彼女と結婚した。しかし結婚して二年後、知加子は家を出ていった。知加子は流産して、子供が死んだのである。それを苦にしたのか、祐治には未練があったが。

知加子から離婚届の書類が送られてきた。苦しい祐治。「ところでその後知加子さんには会えたか」と河原木に言われる。「いつまでもこだわるな」とも。そして前の妻晴海が死んだのも俺のせいだと、祐治は思っているのである。彼女との間の息子は十二歳になった。父親の祐治を避けているように見えた。

啓太と二人で母の和子がいる実家に戻った。明夫は病気になって、群馬の工場を逃げてきたと聞く。ある日コンビニに二人のどうも密漁をするらしい男が現れた。なんとその一人は明夫だった。そして数日後、明夫が密漁で捕まったとの連絡があった。苦しい明夫。しかし放免になったと。六月のある朝、突然サクランボを明夫が持ってきて、「みんなで食べて」と言って帰って行った。そしてその日、何と明夫は首をつって死んでしまったのである。消える時を自分で決めて何が悪い、と祐治は思う。明夫は今まで生きてきた。それで十分ではないかと。

冬が来た。ある時祐治は阿武隈川を見下ろすところにいた。水をたっぷりと蓄えた木が根を伸ばし、冬の日差しを受けて眩しいほどの葉を茂らせていた。しかしその時、空から突然綿のような雪が舞い降りて地面が凍り付きそうなほどになった。おりしも和子からメールが来た。弁当、牛乳、パン、豆腐を買ってくるようにというメールが。買って帰ると祐治の弁当を待たずに、すでに二人で和子の作ったチャーハンを食べていたのである。息子の啓太がその時、祐治の顔を見て、いきなりスプーンを落として転げまわらんばかりに大笑いしだした。そして祐治の顔を指した。洗面所で鏡を見ると、髪の毛が真っ白になっていた。眉も、もみあげも、無精ひげも真っ白なのだった。和子が早く飯食え、と言ってそこで終わる物語である。

まさに生きるとはこういうことだと思わされる。舞台は東日本大震災の被災地である仙台である。被害の話もあるが、被災の状況だけを語っているのではない。あくまでもそこに生きる人間の話であり、家族の話である。被災の描写は非常に控えめである。これまでに読者が事実で得た、現実認識に任せている感がある。それで十分であろう。そしてそこに生きる坂井祐治とその周りの家族の生きざまが描かれる。祐治の二人の妻。父の部下だった篠原六郎の息子である同級生だった明夫の自死。もう一人、二度目の妻を世話してくれた、これも同級生だった河原木の話。

作者はあの東日本大震災を書きたかったと言っているが、人間の世界にはいつの世にも戦争もあり、震災という事件もある。しかし問題はそんな中で、人はどう生きるのかということであろう。そういう意味で震災で生と死の間に投げ出された、ここでの家族の生きざま、そしてその必死さが心を打つ。震災の中でも人は生きる。人間が生きるとはそういうことであろう。現実に東日本大震災の傷跡は深く、今も残っている。そしてまた能登半島の震災も起こった。その中を人は生きている。そしてその人々のことを思わずにはいられない。祐治、明夫の苦しみ。それはとりもなおさず作者の一番語りたかったことではないか。人はそれでも生きる。そしてそんな中でも家庭も存在する。しかし最後の場面、息子の啓太が雪で真っ白になって帰って来た父親の顔を見て笑い転げるという、一寸《ちよつと》とってつけたような場面ではあるが、作者はもう一つここも言いたかったのではないかとも思う。人間にはそういう愉快さもあると。

ある藍染めで人間国宝になられた方の言に、この世は地獄である、というのを聞いたことがある。しかし救われるのは、その隣には天国があると言っておられたことである。非常に共感させられた言葉であった。この「荒地の家族」

はまさに天国と地獄の物語であろう。人はそんな中を生きている。まさに他人事ではない。しかし地獄の横には天国がある。しっかり生きていこうと思わせられる物語である。

24 生きることの重さ

「ハンチバック」市川沙央

二〇二三年上半期、第一六九回の芥川賞受賞作。作者市川沙央氏は先天性ミオパチーという病を持つ障害者で、一生続く疾患を生きている女性である。一九七九年（昭和五四）生まれ、早稲田大学人間科学部（通信教育課程）卒。人工呼吸器を着けて過ごしている。二十歳ごろ、自分も仕事がしたいと、小説を書き始める。バイト感覚の仕事だったが、文學界新人賞を受賞して寄稿依頼を受けてから、仕事と自覚するようになった。「ハンチバック」とは、「せむし」という意味の言葉である。

主人公は井沢釈華《しゃか》というハンチバックの障害を持つ四十歳の女性。中学二年の時倒れて以来の体であるという。右肺を押しつぶす形で極度に湾曲したS字の背骨が、世界の右側と左側に独特な意味を与える。ベッドは左側からしか下りられない。冷蔵庫の上段にも下段にも右手しか伸ばせない。左足は爪先だけが床につく。だから跛行《はこう》にもほどがあるといった歩き方になり、気を抜くとドアの左の桟に頭が激突する。

文章記事を書いてアルバイトをしている。今回「都内最大級のハプバ（ハプニングバー）に潜入したら港区女子と即ハメ3Pできた話」という記事の前編を納品した。ワンルームマンションを一棟丸ごと改造した施設の十畳ほどの部屋と、キッチン、トイレ、バスルームが主人公の足で行ったり来たりするスペースのすべて。三六五日他に彼女が通うところもなければ、ヘルパーとケアマネージャーと訪問医スタッフと呼吸器レンタルの業者以外は、訪ねてくる者もいない。彼女が雇われているWEBメディアでは、男性向け風俗店体験や、ナンパスポット記事＋マッチングアプリの広告の組み合わせ、女性向けは復縁神社記事＋電話占いの広告記事を書く。一記事三千円もらえるので、彼女のような重度障害者にはいいバイトだ。彼女はこのいかがわしい記事で稼いだ金は、居場所のない少女を保護する子供シェルターやあしなが育英会に寄付している。彼女自身は、障害を持つ彼女のために親が頑張って財産を残してくれているのである。彼女はｉＰｈｏｎｅを手にする。ノートパソコンのブラウザからｅｖｅｒｎｏｔｅを開く。(中絶がしてみたい) と下書き保存する。(妊娠と中絶がしてみたい) (私の曲がった身体の中で胎児はうまく育たないだろう) (出産にも耐えられないだろう) (でもたぶん妊娠と中絶までなら普通に出来る) (私の夢です) と書いた。

自力で出せない痰が潰れた右肺の奥から詰まって、無気肺気味になっているのが常だ。厚みが三、四センチはある本を両手で押さえて没頭する。読書は他のどんな行為よりも背骨に負荷をかける。彼女は紙の本を憎んでいた。この施設のスタッフは、山下マネージャーを入れて、女性三人男性三人だ。山下マネージャーからＬＩＮＥが来て、明日の入浴は女性三人とも用があり、ヘルプできないんだけど。男性は嫌よね、とあった。男性は初めてだったが田中君に世話になることにした。

その日濡れた手すりにつかまり、シャワーチェアーに腰を下ろす。身に着けているのは不織布マスクだけ。脚から腹、胴、肩、後ろに回って背中。石鹸を泡立ててから田中さんは彼女を支えた。「そんなに妊娠したいんですか？　ああ中絶だっけ」と田中さん。「田中さんだってあるでしょ。どうしても欲しいものとか、したいこととか」と釈華。「まあ」。「それって何?」「井沢さんが持っているくらいの金なら欲しいです」と田中さん。田中さんは金のためと割り切って重度障害女性の入浴介助に入り、見たくもない異様な姿の身体を洗ったのだろうかと釈華。「いくらほしいんですか?」「一億円」と田中さん。妊娠したい釈華に妊娠させるために手を貸すと言って、「帰りに寄ります」と田中さんは出ていった。その夕、田中さんが来てベッドの右隣に腰を下ろした。田中さんが彼女の耳元に唇を寄せて囁いた「おいで」と。田中さんの子供なら呵責《かしやく》なく堕胎できる。そう思って彼の性器をくわえた。私は産めない、でも一人前に堕胎がしたいのだ。性器をくわえると、白濁混じりの涎が流れ出た。しかしそれから田中さんは私を置き去りにして出ていった。呼吸器を装着する釈華。

その後田中さんはここを辞めてしまった。釈華からの一億円の小切手を置いたまま。壁の向こうの隣人の女性も釈華と同じような筋疾患で、トイレをすますと控えているヘルパーを呼んで後始末をしてもらう。世間の人は顔を背けて言う。「私なら耐えられない。私なら死を選ぶ」と。「だがそれは間違っている。

隣人の彼女のように生きること。私はそこにこそ人間の尊厳があると思う。本当の涅槃《ねはん》がそこにある」と釈華に言わせる。そして最後に性的投稿アプリを書いて終わる物語である。

作者の言いたいことはこの最後の言葉であろう。どんなに苦しい障害があっても生きること。そこに人間の尊厳があると。衝撃的であったが、しかしそこにこそ人間のこの上もなき美しさがあると思わされた。それともう一つ。この作品を読んで、人間の基本は、寝て、食べて、排泄するという命を保つことと、それからもう一つ、性行為にあると改めて知らされた。主人公釈華は苦しみながら、その二つに生きている。それが人間、究極の生きるということであるのだろう。選者の一人である吉田修一氏は「弱者である作者が物語を書いているが、ここには微塵の弱さもない」「ここには成熟があるのだ」「作品の成熟はもちろん、作者自身の人間的成熟がある」と評している。

健常な日常に生きている人間には考えも及ばないこの作品のテーマと結論を、読む者に納得させるものをこの作品は持っている、吉田氏が語るように。それは文章のうまさであり、文学的力量であり、人間力でもあろう。そして人間は生きることそのことに意味があるのだという、深い本質を語って読者に共感させる力を持つ作品である。そして何より重さを感じさせる作品である。こんなに楽に生きている私である。時にはそういう重さを感じ、日々をまっとうに生きなければいけない、しみじみそう思わされた。

25 結合双生児の安らぐ日

「サンショウウオの四十九日」朝比奈 秋

朝比奈秋氏は、一九八一年（昭和五六）京都に生まれた。消化器系の医師をしながらの小説家である。二〇二一年（令和三）「塩の道」で作家デビュー。この作品は第七回林芙美子文学賞を受賞している。本人の言葉であるが小説を全く読まず、突然書いた小説だとのことである。また初めて自分でお金を出して買った純文学の小説は芥川賞受賞作の西村賢太氏の「苦役列車」と田中慎弥氏の「共喰い」であると。その後二〇二三年（令和五）「植物少女」で第三十六回三島由紀夫賞を、同年「あなたの燃える左手で」で第五十一回泉鏡花文学賞と、第四十五回野間文芸新人賞を受賞している。「サンショウウオの四十九日」は二〇二四年（令和六）第一七一回芥川賞受賞作である。氏の作品は、哲学的なテーマを扱った作品が多いと言える。

「サンショウウオの四十九日」は、十年前に二人の娘が実家に帰り、そこで父が伯父勝彦の出生の話をするところから始まる。勝彦はふくよかで健康そのものの赤子として生まれてきた。ところが数か月過ぎたころから瘦せ始め、目も落ちくぼんできた。心配になった母津和子が病院に連れていく。病院で何か不思議な診察を受け、異常なしと医者に言われたが、レントゲンに回しますとも言われた。その結果この赤子の中に、他の赤子が隠れていることが分かったのである。「胎児内胎児」と診断された。瘦せこけている乳児の中の子はすくすくと生育し、半年後外科医による手術で腹の中から取り出されたのが父である。そういう伯父と父の話を父から聞いた娘二人。しかしこの娘二人も実は鏡には一体の人間として映るのである。双子の姉妹であるが、伯父と父以上に全てがくっついて生まれ落ち、今もくっついている結合双生児なのである。その結合双生児のまま二十九歳になった。結合双生児も色々な形で生まれてくる。胴体は全部くっついているが、首は二本で頭は二つある双子。またベトちゃんとドクちゃんは腰部がくっついていても、それぞれの上半身を持っている。そしてこの双生児杏と瞬は全てがくっついているのである。顔面も違う半顔が一つになって少しずれてくっついている。成長や発達の遅れはなく、代わりに説明のしようのない違和感がある。杏さんと呼ばれると彼女は左手をあげ、瞬さんと呼ばれると右手を上げる。十四歳の春、生理も健康に始まった。今はこの体で仕事についている。しかし人には何の説明もしない。特殊の顔貌をした一人の二十九歳で通している。「濱岸さんは家族とか彼氏に対してガラッと態度が変わる恐いタイプだわ」と言われたりもする。そして給料も一人分。しかし杏と瞬の二人の意識は混じらないのである。

仕事場で母から携帯に、勝彦伯父さんが亡くなったという連絡を受けた。母と落ち合って、岡山へ葬儀のために行くことになった。葬儀場に父がなかなか来ない。しばらくして父の白い営業車がやっと来た。しかし兄の勝彦の棺の中はもう見せてもらえなかった。「双子の弟ですから」と母が頼んだにもかかわらず、時間がないと言われた。

中学と高校の時、瞬がひたすら眠り続けたことがあった。その時杏は自身がどこか死んでいるように感じた。そして学友には「お前ら片っぽ死んだら両方死ぬん?」とささやかれたこともある。杏と瞬は白と黒のサンショウウオになった。たがいの尻尾を食べようと追いかける二匹のサンショウウオ。白黒サンショウウオはいつもお互いを食べようと回り始める。一人でありたい、そう思う杏。学校の教師が瞬だけを叱っているときにすら杏である私は自分が叱られているのと同じつらさを味わう。しかし実は自分だけの体、自分だけの思考、自分だけの記憶、自分だけの感情などというものはある意味通常人間の誰にも存在せず、共有しあっているのだと作者は言う。杏と瞬はそれがあまりに直接的ということだ。

葬儀を終えて母は「今度は四十九日の納骨で」と言って、新幹線の京都で降りていった。一つの体で思考も感情も感覚も共有し、意識と意識の間に介在している二人。自分らしさを求める自意識過剰の杏はつらかった。遠くから呼びかけるように声が聞こえてきた。「肉体の死は意識の死とは何の関係もない……。意識の死は生きながらにしておこる……」。人間の魂は肉体と関係なく存在するのだと。瞬は寝てしまって杏は本を読み続けている。いつの間にか瞬だけが死んでしまったか？　瞬がいなくても身体は問題ない。生まれてから五歳まで周りは瞬の存在に気が付かなかったのである。瞬自身も自分が存在していると感じられなかった。

手鏡をもって喉を覗くと、扁桃腺が喉をつぶすように腫れている。「大丈夫？」と瞬。「これは膿がたまっている、吸い出してもらわないと」と父。父の運転で病院へ行くことになった。通勤前の道路はすいていて、すれ違う車のエンジンの音だけが聞こえる。窓を開けて新鮮な空気を吸い込む。「窒息するなら、同時に死ぬ」と杏がふと考えると、自然にくつろいできた。朝の空気が爽やかに匂ってきた。そこで瞬もまた安らいでくるのを覚えた。ここで終わる物語である。

「胎児内胎児」も「結合双生児」も現実にあることらしい。その「結合双生児」で生まれた姉妹を主人公にして、人間というものの不可思議な存在をえがいた物語である。そして主張するところは、人間の意識は考え、感情、記憶とは別の存在であるということだ。意識は死んでも体は死なない。逆に、体は死んでも意識は死なないという。人間には体とは独立して魂が存在するということだろうか。人間というものの説明できない不可思議な存在にどこまでも踏み込んでいるところに感動させられた。そんな杏と瞬の最後のシーン。瞬の喉に膿がたまり、父に病院に連れていかれる場面。車の窓を開けて、新鮮な空気を吸い込んだ時、窒息するなら同時に死ぬ、と考えてくつろぎを感じた杏と安らぐ瞬。しっかりと共感し合えた二人。人間は体つきも精神も色々な形で生きているが、人間存在はそのまま幸せなのだというところがいい。

あとがき

「幸せに生きたい。」人は誰でもそう思う。生きていてそれに尽きる。それならば幸せになるには、何が一番大切だろうか。それが人が持っている価値観というものであろう。人間にとって何が一番大切か。人それぞれ違うのも面白い。しかし一番深いところ、そして究極のところの一番大切なものは同じものになりたいし、案外そんなものではないだろうか。文学は人間にとって一番大事なものを思索させ、また教えてくれるものだと思う。大いに文学を読んで、幸せになりたい。

以上、文学作品と呼ばれるものを読んできた。人間の真実を語っているものである。私たちが日々生きている日常の世界も面白いが、その本質を語る文学も面白い。読んで幸せになっていただけただろうか。人は幸せになるために生きている。文学の力も信じる私である。

著者略歴

牧野慶（まきの　けい）　本名　慶子

昭和18年	中国天津で生まれる
昭和43年3月	上智大学文学部国文学科卒業
昭和43年4月	日体桜華女子高校着任
昭和46年4月	練馬区立開進第三中学校へ転職
昭和48年3月	退職
平成11年4月	秋草学園高校講師
平成15年4月	童謡誌「はらっぱ」同人
平成21年3月	退職
平成21年4月	東京工学院専門学校講師
平成23年11月	俳誌「ろんど」同人
平成26年3月	退職
令和 2 年2月	俳誌「河鹿」同人

現住所　〒359-0021
埼玉県所沢市東所沢1-35-4
ダイアパレス東所沢Ⅲ-203

文学の小路2　ぶんがくのこみち に

初版発行　2025年2月20日

著　者　牧野　慶
発行者　石川一郎
発　行　公益財団法人 角川文化振興財団
〒359-0023　埼玉県所沢市東所沢和田3-31-3
ところざわサクラタウン 角川武蔵野ミュージアム
電話 050-1742-0634
https://www.kadokawa-zaidan.or.jp/
発　売　株式会社 KADOKAWA
〒102-8177　東京都千代田区富士見2-13-3
電話 0570-002-301（ナビダイヤル）
https://www.kadokawa.co.jp/
印刷製本　中央精版印刷株式会社

 ISBN978-4-04-884635-6 C0095